Ces territoires qui cherchent à se réindustrialiser

Photo de couverture :
Factory Yard, vers 1938, Goeller Charles Louis (1901-1955)
Collection of The Newark Museum, Bequest of the artist, 1955. Inv.: 55.104.
© Droits réservés. Localisation : États-Unis, Newark (NJ), Newark Museum
Photo © Newark Museum, Dist. RMN-Grand Palais / image Newark Museum

Caroline Granier et Pierre Ellie, *Ces territoires qui cherchent à se réindustrialiser,* Paris, Presses des Mines, 2021.

ISBN : 978-2-35671-678-1
ISSN : 2495-1706

60, boulevard Saint-Michel – 75272 Paris Cedex 06 – France
presses@mines-paristech.fr
www.pressesdesmines.com

81, boulevard Saint-Michel -75005 Paris – France
info@la-fabrique.fr
www.la-fabrique.fr

Direction artistique : Franck Blanchet
Couverture et mise en page : Laétitia Lafond
Dépôt légal : 2021
Achevé d'imprimer en 2021 – Imprimerie Chirat

Ces territoires qui cherchent à se réindustrialiser

Caroline Granier et Pierre Ellie

La Fabrique de l'industrie
laboratoire d'idées

OBSERVATOIRE DES TERRITOIRES D'INDUSTRIE

Préface

La note « Ces territoires qui cherchent à se réindustrialiser » est une note modeste, c'est d'abord en cela qu'elle est remarquable. Plutôt que de prétendre fournir une évaluation définitive du programme Territoires d'industrie, la note s'attache pour l'heure à retranscrire comment les acteurs s'en sont saisis.

Quels enseignements peut-on tirer à la fois des conditions dans lesquelles la note a été produite et du contenu des retranscriptions effectuées ?

Le premier enseignement est que du dialogue sous forme de séminaires réguliers entre les acteurs de terrain et les universitaires sollicités par l'observatoire des Territoires d'industrie est né un matériau très riche sur le plan opérationnel comme sur le plan conceptuel. Des notions nombreuses ont pu ainsi être précisées, améliorant la boîte à outil des premiers comme des seconds. Le dialogue entre chercheurs et praticiens aura ainsi servi à la fois à poser en des termes renouvelés de nombreuses questions de recherche et à mieux penser et agir les actions de terrain favorisant la renaissance industrielle de ces territoires.

Les enseignements qui suivent sont précisément des résultats issus de ce dialogue.

L'enseignement le plus général est qu'il est non seulement possible mais efficace de tirer parti des ressources du territoire en activant celles-ci afin d'engager ce dernier dans une trajectoire de développement. En d'autres termes, le développement d'un territoire dépend d'abord de la capacité de ses acteurs à identifier et mobiliser ses ressources latentes, humaines principalement, liées aux compétences individuelles comme collectives, techniques comme organisationnelles. La mémoire des situations de coordination antérieure réussies est le véritable patrimoine du territoire. Comme cela est observé dans la note, « *les relations antérieures, les routines et expériences communes, parce qu'elles réduisent l'incertitude sur les comportements futurs des partenaires potentiels, favorisent l'établissement de coopérations* ».

Dans cette perspective, il apparaît que l'option choisie à la naissance du dispositif de constituer des binômes élu/industriel a généralement très bien fonctionné et a favorisé la production de ces coordinations. Elle a permis de créer les conditions de rencontres productives durables entre deux mondes : les mondes institutionnels et les mondes de la production. Les acteurs des mondes institutionnels auront, par exemple, mieux compris les besoins des directeurs d'usine, qui ne sont pas les mêmes que ceux des dirigeants des grands groupes. Les acteurs de l'industrie auront mieux saisi la complexité d'une action publique, dont la visée est ici de révéler un territoire en favorisant les situations de coordination suscitées par des projets collectifs à finalité industrielle.

Un autre enseignement, qui éclaire la notion de résilience, est que, pour éviter le piège de la mono-industrie, il est nécessaire qu'un territoire joue d'une spécialisation cognitive basée sur des compétences redéployables. Contrairement à ce que l'on pense parfois, cette redéployabilité repose moins sur les dimensions proprement techniques des compétences que sur les relations de confiance, les effets de réseau, le patrimoine cognitif du territoire.

Comme système ouvert, le territoire ne peut prétendre disposer de toutes les compétences dont il a besoin pour assurer sa viabilité. Comme ceci est relevé dans la note, « *l'échelle pertinente [d'un territoire] ne correspond pas toujours au maillage administratif et il faut toujours se demander avec quel territoire voisin il pourrait être intéressant de travailler pour améliorer la compétitivité des entreprises de son propre territoire.* »

Un dernier enseignement que l'on peut tirer de la note concerne la transition écologique. Pour des raisons évidentes, cette transition, si elle se joue au niveau de la planète, concerne directement le territoire en ce que la proximité géographique des acteurs réduit les coûts de franchissement de la distance et diminue par conséquent l'empreinte carbone. Ce constat est cependant réducteur. Qu'il s'agisse, en effet, des circuits courts, de l'économie circulaire au sens strict (l'absence de déchets, ceux-ci étant considérés comme des ressources) ou au sens large (un circuit économique local qui réduirait ses « importations » en leur substituant une production locale) ou encore de ce que l'on appelle « l'économie de la fonctionnalité et de la coopération », les différents nouveaux modèles économiques qui intègrent développement économique et transition écologique ont ceci de particulier qu'ils se réalisent dans de meilleures conditions s'ils sont localisés.

Pour finir, nous observerons que la transition écologique, comme vecteur commun du développement industriel et territorial, met en évidence le fait que l'on ne peut intégrer les considérations socio-environnementales à un projet de territoire sans impliquer de nouvelles parties prenantes. L'implication des citoyens dans la redynamisation des territoires industriels apparaît clairement comme un enjeu essentiel désormais. Cependant, comme le relève la note, «*pour qu'un territoire révèle tout son potentiel, il faut que la population se l'approprie et prenne conscience de ce potentiel, ce qui demande souvent beaucoup de temps.*»

Gabriel Colletis,
Professeur de sciences économiques, université de Toulouse 1 - Capitole

Remerciements

Cette note présente une synthèse du cycle de séminaires conduit dans le cadre de l'observatoire des Territoires d'industrie. Nous remercions les partenaires de l'observatoire :
Antoine Battistelli (Fondation MinesTech),
Guillaume Basset (ANCT),
François Blouvac (Banque des Territoires),
Floriane Boulay (AdCF),
Annabelle Boutet (ANCT),
Vincent Charlet (La Fabrique de l'industrie),
Aurore Colnel (ANCT),
Isabelle Laudier (Institut CDC pour la Recherche),
Diane de Mareschal (Institut CDC pour la Recherche),
Françoise Morsel (Banque des Territoires),
Nicolas Portier (AdCF),
Mickaël Vaillant (Régions de France),
Thierry Weil (Mines ParisTech);

les membres de son conseil scientifique :
Olivier Bouba-Olga (Université de Poitiers),
Gilles Crague (école des Ponts ParisTech),
Denis Carré (Université Paris Nanterre),
Pierre-Noël Giraud (Mines ParisTech),
Nadine Levratto (Université Paris Nanterre),
Pierre Veltz (Institut des hautes études pour le développement et l'aménagement des territoires en Europe),
ainsi que Michel Berry (fondateur de l'École de Paris du management avec laquelle des séminaires communs sont organisés)
et Élisabeth Bourguinat, rédactrice des comptes rendus des séminaires.

Chapitre 4

Chapitre 5

Point de vue

INTRODUCTION

L'emploi industriel n'évolue pas de manière uniforme sur notre territoire – ni dans aucun autre pays d'ailleurs. Certains territoires créent des emplois industriels : on pense, entre autres, aux arcs littoraux de l'ouest et du sud de la France, au nord des Alpes et au Grand Paris. D'autres sont en déclin, notamment dans le quart nord-est de la France, parfois depuis soixante ans. Si tout le monde sait constater cette hétérogénéité, personne ne peut l'expliquer par quelques règles simples : aucun modèle n'est aujourd'hui en mesure d'expliquer ces évolutions différenciées. Les optimistes concluront qu'il n'y a pas de fatalité au déclin industriel des territoires : on trouve toujours des preuves empiriques que les acteurs locaux ont la capacité de rendre leur industrie florissante[1].

Afin de les y aider, plusieurs politiques de développement territorial ont été imaginées et mises en œuvre en France au tournant des années 2000, pour que s'y développent des écosystèmes compétitifs. On pense notamment aux systèmes productifs locaux ou encore, à une échelle de moyens d'ordre supérieur, aux pôles de compétitivité. À la fin de l'année 2018, le gouvernement a fait le choix, *via* un nouveau programme appelé « Territoires d'industrie », de proposer des « paniers de services », c'est-à-dire des outils d'accompagnement, aux territoires souhaitant redynamiser leur tissu industriel (Encadré 1).

Un tel projet peut sembler présomptueux ou illusoire, dans un pays dont la base industrielle a représenté, année après année, une fraction toujours plus faible du PIB, jusqu'à une stabilisation encore précaire en 2018 et en 2019. Quand bien même on voudrait réindustrialiser tel bassin ou telle vallée, notamment pour y créer de l'emploi et de la valeur ajoutée, comment y parvenir ? Tout le monde sait citer le cas de la Vendée ou de la vallée de l'Arve, qui ne connaissent pas le chômage et dont les industries sont restées vivaces, mais qui sait s'inspirer de ces réussites pour en susciter d'autres ?

---

1. Voir par exemple la conclusion d'Adrien Zeller (2004) : « Il n'y a pas de territoire sans avenir, il n'y a que des territoires sans projets. »

Encadré 1 - Le programme Territoires d'industrie vu par Oliver Lluansi, premier directeur du programme

Les Territoires d'industrie ont été créés pour répondre au besoin d'une brique territoriale dans la politique industrielle. Le programme s'articule autour de quatre enjeux majeurs (attirer, recruter, innover, simplifier) et autour de trois principes clés :

- une approche du bas vers le haut dans laquelle il a été demandé aux territoires de produire les projets qu'ils souhaitent mettre en œuvre pour développer l'industrie ;
- une approche fondée sur des projets, avec un protocole ou un contrat de Territoire d'industrie (d'abord un *affectio societatis* de quelques pages qui précise pourquoi les parties prenantes sont ensemble, mais surtout une série de projets dont les acteurs du territoire sont convaincus qu'ils permettront le développement de l'industrie sur leur périmètre) ;
- une dynamique humaine incarnée par un binôme industriel/élu ; un pilotage confié aux régions. Il s'agit en quelque sorte de tester une nouvelle façon d'animer des politiques industrielles territoriales en France. Si le test est réussi, la France aura démontré qu'elle a acquis une certaine maturité pour travailler ensemble. Ce n'est pas facile tous les jours ! Mais les premières difficultés ont été dépassées, j'en ai la conviction. La France a démontré qu'elle pouvait le faire et qu'il était possible de lancer des initiatives nationales qui soient ensuite appropriées par les régions. Aujourd'hui, il n'existe d'ailleurs pas une gouvernance des Territoires d'industrie, mais treize pour la France métropolitaine : chaque région s'est appropriée le projet et l'a décliné dans ses politiques.

Parmi les projets figurent une maison du numérique, une plateforme éco-matériaux, un montage innovant de portage pour la réhabilitation de friches industrielles...

Pour comprendre comment ce nouveau programme peut participer à l'amélioration de la dynamique industrielle des territoires, la Banque des Territoires et l'Institut pour la recherche de la Caisse des dépôts, l'Agence nationale de la cohésion des territoires, Mines ParisTech, La Fabrique de l'industrie, l'Assemblée des Communautés de France et Régions de France ont fondé en juin 2019 l'observatoire des Territoires d'industrie. Un premier ouvrage[2], ainsi qu'une étude simultanée de France Stratégie[3], montrent que

2. Denis Carré, Nadine Levratto et Philippe Frocrain (2019), *L'étonnante disparité des territoires industriels. Comprendre la performance et le déclin*, Les notes de La Fabrique, n° 30.

3. Coline Bouvart, Vincent Donne (2020), « Taux de chômage et zones d'emploi : vers une nouvelle approche de la performance territoriale ? *Document de travail France Stratégie*, n° 12, disponible sur https://bit.ly/3m8q4c2.

les facteurs structurels tels que la spécialisation sectorielle ou la composition de la population active n'expliquent qu'une faible part de la performance des territoires. Un document de travail identifie les territoires dont les performances s'écartent le plus manifestement de ce qui était attendu au vu, par exemple, des secteurs d'activité de leurs entreprises[4], et des études qualitatives sont en cours de réalisation afin d'étudier quelques territoires en détail et de comprendre les raisons de leur dynamisme ou de leurs difficultés[5]. En parallèle de ces travaux de recherche, l'observatoire organise un séminaire mensuel pour recueillir le témoignage des acteurs impliqués dans le fonctionnement de divers Territoires d'industrie et, de manière plus générale, pour favoriser une meilleure connaissance des territoires industriels français.

Cette note présente une analyse transversale des premières séances de ce séminaire dans lequel la parole est donnée aux élus et aux industriels qui ont accepté de porter des projets de Territoires d'industrie. Leurs témoignages nous permettent de découvrir comment ils s'organisent et se mobilisent pour relever le défi de la revitalisation du tissu industriel français. La note ne prétend pas dresser un bilan du programme Territoires d'industrie tant il apparaît prématuré de le faire ; elle révèle plutôt les spécificités industrielles et les atouts (ressources matérielles, position géographique, compétence issue du passé etc.) des territoires français sur lesquels le programme doit s'appuyer pour fonctionner.

Au fil des séances, on comprend qu'un territoire ne se résume pas à un espace géographiquement délimité ; il se définit aussi comme un ensemble de ressources matérielles et humaines, d'interactions répétées entre acteurs et institutions. Plus précisément, c'est de l'activation de ces ressources et de leur combinaison que dépend l'existence d'un projet territorial commun. Pour prendre une métaphore culinaire, les ingrédients de la recette du succès ne sont ni très nombreux ni très mystérieux ; tout le monde les connaît. Il n'y a pas non plus de recette miracle, de combinaison parfaite. Tout se joue, en revanche, dans l'énergie et la détermination avec lesquelles les acteurs en place font interagir cet ensemble de ressources.

Alors certes, écouter ces porteurs de projets ne suffit pas à tout simplifier. On en veut pour preuve, flagrante entre toutes, que la capacité des acteurs d'un territoire à se mobiliser et à se coordonner reste éminemment difficile à appréhender. Beaucoup y renoncent d'ailleurs,

---

4. Étienne Fouqueray (2020), « À la recherche des Territoires d'industrie à effet local dominant », Document de travail de La Fabrique, n° 1, disponible sur https://bit.ly/2PMEi6a.

5. Une publication à paraître en 2022 reprendra les enseignements de ces études de territoires.

tant ils se convainquent que c'est « une question de culture ». Et c'est peut-être le cas, ou en partie. Mais il n'en reste pas moins que les témoignages des acteurs locaux nous donnent l'occasion de mieux comprendre comment l'industrie peut vivre et prospérer – ou pas.

Ouvrons à présent notre livre de recettes…

Encadré 2 - Un cycle de séminaires de l'observatoire des Territoires d'industrie

Cette note s'appuie sur des témoignages d'acteurs impliqués dans le programme Territoires d'industrie, recueillis lors des séminaires au cours desquels sont abordées les conditions de mise en place du programme, la mobilisation des acteurs dans le cadre de leur projet, et plus généralement les pratiques à l'œuvre dans les territoires. Ces séminaires constituent une occasion d'ouvrir la boîte noire des spécificités locales et de mettre en évidence des facteurs qualitatifs à l'origine des performances territoriales.

Les Territoires d'industrie ayant servi à élaborer cette note sont les suivants (voir l'annexe) :

- Nord Franche-Comté
- Dieppe Côte d'Albâtre
- Saint-Nazaire-Cordemais
- Grand Chalon
- Aix-Marseille-Provence
- Vitry-le-François, Saint-Dizier, Bar-le-Duc, Bassin de Joinville
- Grand-Orly Seine Bièvre
- Lacq-Pau-Tarbes

Outre ces auditions spécifiques à chaque territoire, l'observatoire a organisé des séminaires transversaux portant sur les disparités territoriales, la relocalisation des chaînes de valeur et la mobilisation des territoires face à la crise sanitaire, les systèmes productifs territoriaux et la transition écologique.

Les comptes rendus sont disponibles sur :
https://www.la-fabrique.fr/fr/projet/observatoire-des-territoires-dindustrie/

CHAPITRE 1

Proposer un horizon commun et s'appuyer sur les réseaux d'acteurs

La redynamisation d'un tissu industriel passe immanquablement par la mobilisation, autour d'un projet commun, d'acteurs locaux dont les intérêts peuvent être parfois divergents : industriels, acteurs publics, chercheurs, fournisseurs de services, etc. Elle dépend donc de leur capacité à interagir, à se coordonner et, finalement, à atteindre un objectif progressivement partagé[1].

Savoir mobiliser des acteurs

La présence sur un même territoire d'acteurs dynamiques (innovants, responsables, compétitifs…) s'apparente à une ressource, un atout. Pour passer de cette potentialité à une source de performance avérée, encore faut-il qu'ils partagent une vision de l'identité industrielle de leur territoire et de ses perspectives, en d'autres termes, qu'ils se reconnaissent un horizon commun. Pour Grégory Richa, associé de la société de conseil OPEO dédiée à l'industrie, « *une bonne façon de réussir à connecter la recherche, l'enseignement et l'industrie consiste à développer une vision commune à l'échelle d'un territoire et à lancer des projets concrets permettant une fertilisation croisée.* » C'est bien dans la conscience commune de leur interdépendance, ainsi que le rappelle Talbot (2006), que les acteurs élaborent les coopérations nécessaires à l'émergence d'un projet de territoire.

À Grand-Orly Seine Bièvre, la mobilisation autour d'un projet de Territoire d'industrie s'appuie sur le souhait des acteurs locaux d'y maintenir des activités productives. Pour preuve, leur projet date d'avant l'apparition du programme Territoires d'industrie.

1. Sur ce point, l'ANCT a conduit en 2019 la Fabrique Prospective « Territoires industriels et capital social » : https://bit.ly/3sIQvay. Les Fabriques Prospectives sont une offre de services de l'ANCT visant à accompagner des groupes de quatre à huit territoires dans la prise en compte des transitions. Le Territoire d'industrie Dieppe Côte d'Albâtre était engagé dans la Fabrique Prospective « Territoires industriels et capital social » tout comme celui de Saint-Nazaire.

Les acteurs privés et publics (TPE, PME, grands groupes, aménageurs, promoteurs immobiliers, investisseurs, acteurs institutionnels tels que la Banque des Territoires et les chambres consulaires) s'étaient déjà mobilisés pour publier un Manifeste pour un territoire industriel et productif. Celui-ci prévoyait même des actions à mener en commun (un nouveau plan local d'urbanisme, l'accompagnement des entreprises, etc.), en vue de préserver l'identité industrielle de cet espace.

« L'essence même d'un projet territorial réside dans sa dimension partagée, qui témoigne d'une ambition commune. »

L'essence même d'un projet territorial réside dans sa dimension partagée, qui témoigne d'une ambition commune. Gioacchino Garofoli, professeur d'économie politique à l'université de l'Insubrie, rappelle à ce titre l'importance de « *soutenir les projets territoriaux, qui reposent sur la capacité des communautés locales à développer une vision de l'avenir et à coopérer avec d'autres acteurs pour construire cet avenir.* » Selon lui, il faudrait même « *renoncer aux démarches d'appels d'offres pour privilégier la co-construction des projets territoriaux à partir de petits groupes d'entreprises et d'universités* ».

La construction d'un tel projet collectif s'appuie parfois sur une histoire commune ayant permis aux acteurs de mieux se connaître et de partager certaines valeurs. Tous les territoires étudiés dans le cadre de cette note ont une histoire industrielle : la fonderie dans le bassin marnais, la métallurgie dans le Grand Chalon… Pour certains territoires, il est manifeste que cette tradition est encore totalement vivante, elle fait distinctement partie de leur identité. C'est notamment le cas de Saint-Nazaire, où la mobilisation des acteurs est d'autant plus facile qu'ils partagent ce fort attachement au secteur industriel. Patrick Pirrat, expert industriel aux Chantiers de l'Atlantique, en témoigne : « *Un jour, des consultants qui travaillaient pour le programme Territoires d'industrie sont venus nous voir à Saint-Nazaire [pour nous poser la question suivante] : "Que représente l'industrie du futur sur votre territoire ?" Une des particularités des industriels de Saint-Nazaire est que, lorsqu'on nous pose ce genre de question, tout le monde saute sur son vélo pour venir à la réunion, quand d'autres territoires peinent à mobiliser.* »

Créer des espaces de relations formelles ou informelles

Tant pour les économistes de l'école de la proximité que pour les sociologues, ces liens sociaux et ces valeurs partagées sont autant d'atouts à disposition des acteurs d'un projet de territoire. Favorisant la création de liens de confiance et le partage de ressources matérielles et immatérielles, comme le personnel ou les retours d'expérience, ces différentes formes de proximité (organisationnelle, institutionnelle, cognitive, sociale)[2] présentent des points communs avec le « capital social[3] » mobilisé dans le champ de la sociologie.

Toutefois, pour constituer de véritables facteurs de performances, ces liens seuls ne suffisent pas : ils doivent être « activés » (Colletis et Pecqueur, 2005, 2018). S'ils ne le sont pas, des acteurs appartenant à une même communauté et localisés sur un même territoire peuvent très bien ne jamais interagir ni tirer parti de ces interactions potentielles. La proximité spatiale n'est pas une condition suffisante à la coordination. Les parties prenantes du territoire de Dieppe, par exemple, se réunissent au sein d'un club interentreprises du littoral qui organise des dîners et des petits-déjeuners entre chefs d'entreprise, une dizaine de fois par an, permettant ainsi aux entrepreneurs localisés sur trois zones d'activités différentes de mieux se connaître.

Les rencontres ont parfois un caractère plus formel. Le projet de la maison des entrepreneurs à Saint-Nazaire vise à rassembler en un seul lieu l'ensemble des partenaires dont les entrepreneurs ont besoin pour commencer leur activité. « *Pour aller plus loin, nous avons imaginé un "village des entrepreneurs", qui pourrait se concevoir sous forme physique ou virtuelle, avec un "concierge" chargé d'orienter et de conseiller les jeunes entreprises, et plusieurs "maisons" vers lesquelles il pourrait les orienter. La première serait la maison des contrats et du juridique, chargée d'aider l'entrepreneur à bien bâtir son entreprise et à rédiger ses contrats solides avec les donneurs d'ordres. Une deuxième maison serait dédiée au suivi des contrats et de la réalisation. L'idée serait d'attribuer à chaque entrepreneur un "parrain", au sein du chantier, pour l'accompagner au quotidien dans les difficultés qu'il pourrait rencontrer. Nous avons aussi imaginé une "maison du numérique", où l'entrepreneur pourrait accéder à nos maquettes numériques en louant ou en empruntant des licences sur les logiciels correspondants, et en étant accompagné pour se familiariser avec ces outils. En cas de problèmes de ressources humaines, il pourrait s'adresser à la "maison de l'emploi et de la formation", qui pourrait lui proposer des emplois à temps partagé, dans le cas, par exemple, où il aurait besoin d'un cadre HSE (hygiène, santé, environ-*

2. Économiste, Boschma (2005) découpe la proximité non géographique en quatre catégories : organisationnelle (partage de relations et de contacts), institutionnelle (partage de normes et institutions), cognitive (similarité du socle de connaissances), sociale (encastrement social et relations de confiance)

3. Le capital social est défini par Putnam (1993), sociologue, comme les caractéristiques des organisations sociales telles que les réseaux, les normes et la confiance, qui facilitent la coordination et la coopération en vue d'un profit mutuel. Sous certains aspects, la notion de capital social recoupe les formes de proximités non géographiques. Voir l'article d'Adam-Ledunois *et al.* (2010).

nement) ou d'un responsable qualité, mais ne pourrait pas le recruter à temps plein. Enfin, nous avons imaginé une "maison de l'innovation" dans laquelle un représentant du pôle de compétitivité pourrait passer une demi-journée par semaine afin d'aider les entrepreneurs à monter des projets collaboratifs. »

La régularité et la répétition de ces interactions favorisent naturellement l'établissement de toute nouvelle collaboration. C'est manifeste dans le cas du Grand Chalon : la fluidité des échanges entre les acteurs locaux faisait directement écho à la complémentarité de leurs actions dans le cadre du pôle de compétitivité Nuclear Valley. Plus généralement, les relations antérieures, les routines et expériences communes – parce qu'elles réduisent l'incertitude sur les comportements futurs des partenaires potentiels – favorisent l'établissement de coopérations.

« Les relations antérieures, les routines et expériences communes favorisent l'établissement de coopérations. »

Plusieurs outils sont à la disposition des territoires pour y parvenir, tels les réseaux d'anciens élèves ou bien encore le nécessaire pilotage des Territoires d'industrie exercé par des binômes constitués d'un élu et d'un industriel.

CHAPITRE 2

Les compétences : une ressource clé pour les territoires

On a tendance à définir un territoire sur la base d'un produit qui y est fabriqué ou d'une filière qui y est installée. Ainsi, les pôles de compétitivité, les systèmes productifs locaux ou les grappes d'entreprises sont souvent caractérisés comme des agglomérations d'acteurs recherchant des synergies dans un secteur d'activité spécifique. Pourtant, les compétences qui y sont disponibles importent tout autant.

Les compétences locales, pivot de la résilience territoriale

Les typologies les plus courantes des territoires industriels (Gros-Balthazard, 2018 ; Carré *et al.*, 2019), tout comme les politiques publiques qui leur répondent, s'appuient sur l'idée d'une spécialisation autour de la fabrication d'un même produit. *A contrario*, Grossetti *et al.* (2006) et Bouba-Olga *et al.* (2012) montrent que des territoires peuvent être davantage caractérisés par une spécialisation cognitive, liée cette fois à la concentration d'acteurs spécialisés sur un type de compétences. Comme dans les cas de spécialisation par produit, elle peut résulter d'un petit évènement historique (Arthur, 1989), tel que l'influence d'un entrepreneur ou d'un élu, ou bien d'une dotation en ressources naturelles avantageuses. Dans tous les cas de figure, elle procède d'une accumulation dans le temps de connaissances et de compétences qui deviennent spécifiques au territoire.

> « L'objectif est de préserver à tout prix nos compétences qui sont notre richesse. »

La spécialisation cognitive a cet avantage qu'elle peut faciliter la diversification des activités. À Chalon-sur-Saône, par exemple, les compétences en métallurgie se sont déplacées au fil des années vers le secteur de la construction de bateaux mais aussi dans la fabrication de générateurs de vapeur et autres composants nécessaires à la filière nucléaire. La société Thuasne, à Saint-Étienne, s'est reconvertie en passant de la fabrication textile traditionnelle à celle de dispositifs médicaux tels que les bas de contention et les ceintures lombaires. Cette diversification d'activité, prenant comme pivot le socle des compétences disponibles, s'observe également à Nogent-sur-Marne (de la coutellerie aux prothèses médicales) ou à Châtellerault (de la coutellerie mécanisée aux équipements automobiles ; voir Ferru, 2009). Ainsi que l'indiquent Grossetti *et al.* (2006), de telles spécialisations cognitives permettent aux territoires de ne pas être dépendants d'une seule industrie. Cela se révèle particulièrement important dans les périodes de crise, notamment la crise actuelle liée à la pandémie de la Covid-19. C'est ce qu'illustre le cas du Territoire d'industrie Lacq-Pau-Tarbes ; spécialisé dans l'aéronautique, qui a été durement touché par la chute du trafic aérien. Pour Jean-Michel Ségneré, directeur du groupe du même nom, le prêt de travailleurs entre secteurs nécessitant des compétences similaires est un moyen efficace pour le territoire de faire face à la crise : « *Nous avons la chance, dans les Hautes-Pyrénées, d'avoir une activité ferroviaire qui se porte bien et qui est en train de se diversifier. Un chaudronnier de l'aéronautique peut tout à fait exercer son travail dans le ferroviaire, même s'il faut, pour cela, résoudre les problèmes de qualification et de certification. L'UIMM*[1] *est en train de mettre en place un dispositif qui permettra aux entreprises ayant trop de main-d'œuvre et à celles ayant besoin de main-d'œuvre de se parler et d'envisager de se prêter des effectifs. Cela paraît tout simple, mais n'avait jamais été fait jusqu'ici. L'objectif est de préserver à tout prix nos compétences qui sont notre richesse. Optimiser la formation d'un chaudronnier prend entre cinq et quinze ans et demande un investissement considérable, aussi bien de la part de l'État, qui organise les cursus de formation, que des entreprises qui accueillent les jeunes en apprentissage ou en tutorat.* »

Au passage, ce témoignage souligne que la performance industrielle d'un territoire requiert un investissement de long terme dans les compétences[2]. À cet égard, la figure de « l'industrie jardinière du territoire » mobilisée par Bourdu *et al.* (2014) suggère que l'industrie peut jouer un rôle actif dans le développement de son écosystème, précisément en s'impliquant dans la création locale de compétences, au-delà de ses stricts besoins propres. On relève ainsi des exemples de transmission de savoir-faire techniques et managériaux d'une société à une autre, comme l'a fait la filiale de Toshiba à Dieppe, qui produit des photocopieurs :

1. Union des industries et métiers de la métallurgie.

2. Ceci est également conforté par des analyses économiques : voir par exemple le second rapport du conseil de la productivité, janvier 2021, p103-110.

« La meilleure méthode consistait à ce que nos opérateurs forment eux-mêmes les opérateurs de nos sous-traitants, pour les aider à mettre en application les techniques d'amélioration continue, ou encore de management visuel. Nous avons créé des formations comprenant cinq modules de deux jours et reposant sur un principe simple : "Je t'explique et je te montre, ensuite tu fais et tu m'expliques ce que tu fais." Au terme de ces sessions de formation, nous demandions au fournisseur de s'engager à épauler les opérateurs nouvellement formés pour qu'ils mettent en place dans leur atelier un projet pilote permettant de transmettre les compétences à la fois techniques et managériales qu'ils avaient acquises » (Alain Verna, PDG de Toshiba TEC Europe Imaging Systems).

La spécialisation cognitive, quand elle est exploitée, procure un avantage comparatif aux entreprises du territoire. Elle peut être renforcée par la création d'écoles et d'un marché du travail spécifiques. Ainsi, Didier Klein, élu référent du Territoire d'industrie Nord Franche-Comté, raconte comment des compétences sont apparues sur le territoire et y ont prospéré : *« Dans les années quatre-vingt, un ancien de PSA qui travaillait le cuir, Robert Boudard, a ouvert à Bethoncourt une petite école de formation aux métiers de la sellerie-maroquinerie d'art. La majorité des diplômés de cette école trouvent des débouchés dans l'industrie du luxe. La raréfaction des personnels dans ces métiers manuels a conduit une des entreprises du secteur du luxe à nous demander de l'aider à développer à la fois l'enseignement et la production. Aujourd'hui, cette société a créé trois manufactures sur notre territoire, employant environ 300 personnes, et a lancé un partenariat avec Pôle emploi sur la recherche et la formation des futurs salariés. »*

Conserver les compétences

On saisit, à l'aune des témoignages précédents, ce qu'il en coûte aux territoires de ne pas réussir à freiner l'exode des étudiants et des jeunes actifs. Ainsi, sur le territoire de Vitry-le-François, Saint-Dizier, Bar-le-Duc, Bassin de Joinville, la faible part des 15-35 ans dans la population totale rend d'autant plus difficile la transmission des compétences accumulées localement.

> « Une solution consiste à renforcer l'apprentissage, car c'est un bon levier d'ancrage des jeunes compétences sur le territoire. »

Comme le souligne Jean-Michel Ségneré, conserver ses compétences est donc un enjeu absolument majeur pour un territoire. Il s'agit notamment d'y maintenir les jeunes travailleurs, selon Romuald Gicquel, directeur du site d'Alstom à Belfort : *« Nous avons la chance, dans le Nord Franche-Comté, de disposer de belles écoles d'ingénieurs, mais c'est un défi que de conserver nos diplômés. On estime que 30 000 à 35 000 ingénieurs sortent des écoles d'ingénieurs chaque année en France, alors qu'il en faudrait 50 000 pour répondre aux besoins de notre pays. Outre cette compétition à l'intérieur de l'Hexagone, certains des ingénieurs de notre territoire n'hésitent pas à aller chercher des opportunités en Suisse ou en Allemagne, toutes proches. De leur côté, les universités et les écoles d'ingénieurs cherchent à développer leur image à l'international, et leur attitude peut donc s'avérer un peu ambivalente. Entre le territoire, qui a besoin de ces compétences, et les établissements de formation, qui ont besoin de les exporter, nous devons trouver le bon équilibre. Une solution consiste à renforcer l'apprentissage, car c'est un bon levier d'ancrage des jeunes compétences sur le territoire. On observe en effet qu'un apprenti sur deux reste dans l'entreprise qui l'a formé.* »

Le témoignage précédent met en évidence l'avantage que présente l'apprentissage en matière de stabilité : l'appariement qu'il permet entre offre et demande locales de compétences s'avère plus durable, et donc bénéfique à long terme pour le territoire. Dans d'autres exemples, l'apprentissage s'illustre également comme un moyen efficace de pallier le manque local de formations spécifiques requises par les entreprises. C'est le cas de la frappe à froid, dont avait besoin Maxime Grojean, directeur général de Gaming Engineering, start-up spécialisée dans la fabrication de solutions de fixations innovantes pour le secteur automobile : « *La technologie que nous utilisons – la frappe à froid – est peu répandue et il n'existe pas de formation en France. De plus, nous y ajoutons des processus spécifiques. Tout recrutement sur un poste de production nécessite donc une formation en interne d'environ 18 mois, délai difficilement compatible avec nos enjeux de développement. Nous pallions ce problème par l'apprentissage, aussi bien pour les postes d'opérateurs que pour ceux d'ingénieurs.* »

Trois initiatives récentes visant à rapprocher les personnes en demande de formation et les entreprises ont été mentionnées par les personnalités auditionnées : les écoles de production (que l'on trouve sur le territoire du Grand Chalon et de Saint-Nazaire), les Campus des métiers et des qualifications (Lacq-Pau-Tarbes, Nord Franche-Comté) et les Fablabs (Nord Franche-Comté). Ces initiatives sont inscrites dans le « panier de services » du programme Territoires d'industrie.

L'objectif des écoles de production est d'ouvrir une voie alternative aux lycées professionnels et aux centres de formation des apprentis. Elles forment des jeunes à partir de 15 ans et présentent la particularité de consacrer deux tiers de la formation à la réalisation de commandes passées par de « vrais » clients. L'objectif pour le jeune est moins l'acquisition de bonnes notes que l'atteinte de critères de qualité sur les produits réalisés. Ces écoles sont des établissements privés reconnus par l'État. En décembre 2020, on dénombrait trente-cinq écoles de production en France. L'objectif de la Fédération nationale des écoles de production (FNEP) est d'en ouvrir 100 d'ici à 2028[3].

Le Campus des métiers et des qualifications est un label attribué par l'État. Il distingue les réseaux d'acteurs offrant, sur un territoire donné, des formations initiales et continues autour d'un secteur d'activité ou d'une filière prioritaire (la transition numérique à Lacq-Pau-Tarbes, agroalimentaire, etc.). L'objectif est de créer des synergies entre les établissements d'enseignement secondaire et supérieur, les laboratoires de recherche et les entreprises.

Les Fablabs, enfin, sont des ateliers de fabrication numérique ouverts au public, qui peuvent mettre des industriels en relation les uns avec les autres et jouer le rôle d'incubateurs. C'est ce qui a été imaginé sur le territoire Nord Franche-Comté, comme le rapporte Didier Klein : « *Pour attirer les jeunes dans l'industrie, nous avons eu l'idée de créer des Fablabs, c'est-à-dire des espaces collaboratifs dotés d'une petite chaîne de production, où les porteurs de projets peuvent fabriquer des démonstrateurs en étant encadrés par des spécialistes et des formateurs. Cela peut concerner des créateurs de start-up mais également des salariés souhaitant développer un projet, sachant qu'il leur est généralement très difficile de trouver des incubateurs. Deux projets de Fablabs sont en préparation : le Techn'Hom porté par la SEM Tandem à Belfort, et le Mattern Lab porté par la SEM PMIE à Montbéliard. Les industriels locaux pourront apporter leur contribution, ne serait-ce qu'en proposant des sujets de recherche. C'est déjà ce qui se passe à l'UTBM, dans le cadre d'une semaine pendant laquelle un millier d'étudiants travaillent sur des sujets proposés par des PME, des PMI et des ETI. Pour les petites entreprises, cela peut être également l'opportunité de développer des projets pour lesquels elles n'ont pas suffisamment de moyens. On peut espérer que certains étudiants, constatant à cette occasion que leurs idées intéressent des industriels, se laisseront tenter par l'industrie.* »

3. Source : Assemblée générale des Territoires d'industrie, 15 décembre 2020.

CHAPITRE 3

Parier sur les effets d'agglomération

La mondialisation des échanges, couplée à la double révolution des moyens de transport et des nouvelles technologies, avait conduit certains observateurs à affirmer que le monde était (re)devenu « plat », suivant la formule du journaliste américain Thomas Friedman (2006). Selon cette représentation, les agents économiques disposant d'une information accessible depuis n'importe où et tirant parti des nouveaux moyens de communication étaient désormais capables d'interagir – et donc de prospérer indépendamment de leur localisation. Pourtant, la proximité spatiale entre partenaires industriels et les coûts de transport n'ont jamais cessé de constituer une source importante d'avantages compétitifs.

Proximité des grands groupes et effets d'entraînement

Dans les années 1950, François Perroux (1955) a insisté sur l'importance pour les entreprises d'être localisées à proximité des grands groupes industriels afin de tirer profit d'effets d'entraînement, eux-mêmes permis et alimentés par la croissance de ces derniers. Cette structuration de l'espace industriel autour des grands groupes est d'ailleurs toujours visible actuellement. À Dieppe, par exemple, l'industrie locale s'organise autour de Renault et de Toshiba, le groupe japonais ayant lui-même choisi sa localisation dans les années 1980 en raison de la présence d'une filiale de Rhône-Poulenc qui offrait d'importants débouchés commerciaux pour ses produits. Les exemples comparables sont nombreux : Alstom et Kem One à Marseille, PSA et Alstom dans le Nord Franche-Comté, Air France sur le territoire de Grand-Orly Seine Bièvre, Framatome dans le Grand Chalon, les Chantiers de l'Atlantique à Saint-Nazaire, etc. Comme en témoigne Romuald Gicquel, « *Le groupe Alstom, fondé en Alsace, s'est installé sur le Territoire de Belfort au lendemain de la guerre de 1870, et les usines Peugeot, nées dans la région de Montbéliard, sont à l'origine du site PSA de Sochaux et ont suscité un grand nombre de sous-traitants* »

Agglomération et externalités

On sait toutefois que la performance industrielle d'un territoire ne dépend pas impérativement de la présence d'un site appartenant à un groupe mondial. La démonstration empirique en est faite par le célèbre exemple des districts italiens, à l'origine de l'émergence de la Troisième Italie (Becattini, 1987 ; 1989). Ces configurations industrielles, maintes fois étudiées, démontrent qu'un réseau de PME peut à lui seul relever le double défi de la création d'emplois et de la conquête de marchés à l'export.

Ainsi la concentration géographique confère-t-elle une plus-value aux entreprises du territoire, plus-value mise en évidence dès la fin du XIXe siècle par Marshall (1890). Selon ce dernier, la proximité géographique facilite la diffusion des connaissances, l'accès à des fournisseurs et à une main-d'œuvre spécialisés, induisant des gains pour les firmes[1]. En d'autres termes, la performance territoriale provient ici de l'existence d'une « atmosphère industrielle » (Marshall, 1893), particulière, quasiment intangible, et spécifique à l'écosystème.

Les politiques publiques qui reposent sur la concentration en un territoire donné d'entreprises spécialisées dans un secteur, une filière ou un produit, comme par exemple les systèmes productifs locaux ou encore les pôles de compétitivité, ont toutes en commun de parier sur les bénéfices attendus de ces externalités marshalliennes et sur les synergies entre les acteurs. Plus précisément, c'est la densité élevée d'entreprises sur un territoire qui, selon Gioacchino Garofoli, favorise l'obtention de meilleures performances : « *Les études menées sur les districts industriels italiens à la fin des années 1970 et au début des années 1980 ont montré que la performance et la capacité d'innovation de ces systèmes d'organisation de la production tenaient surtout à la densité des entreprises installées sur ces territoires – parfois 5 000 petites sociétés rassemblées dans une même zone géographique. Cette densité permettait des économies territoriales et des économies d'échelle grâce auxquelles ces petites entreprises dégageaient des profits parfois plus élevés que ceux des grandes. Elle autorisait, par ailleurs, des économies de gamme ou d'envergure qui favorisaient la compétitivité de ces entreprises au niveau international. L'intégration de la filière productive apportait aussi un équilibrage entre compétition et coopération, ce qui permettait de faire émerger de l'innovation. Enfin, la complémentarité entre donneurs d'ordre et producteurs de composants permettait d'atteindre une grande qualité dans la conception et le design du produit, s'appuyant aussi sur la qualité des compétences professionnelles des travailleurs.* »

---

1. Krugman (1998) reprendra en partie l'explication en termes d'externalités marshalliennes pour expliquer la concentration d'activités.

> « L'établissement de relations d'affaires en confiance, l'accumulation de connaissances et l'apprentissage sont, eux aussi, facilités par ces relations de voisinage. »

En d'autres termes, le regroupement des firmes sur un territoire favorise les flux d'information et de matières premières entre les entreprises, tout en réduisant les coûts de transport, de recherche des partenaires industriels, de coordination et de contrôle. L'établissement de relations d'affaires en confiance, l'accumulation de connaissances et l'apprentissage sont, eux aussi, facilités par ces relations de voisinage. Enfin, la crise sanitaire a montré que ces relations locales contribuaient aussi à la résilience des entreprises.

Lorsque ces externalités jouent à plein, alors des effets d'entraînement sont également attendus sur le reste de l'économie locale, comme l'illustre le cas du pôle de compétitivité Nuclear Valley sur le territoire du Grand Chalon. Localisée à Saint-Marcel, Framatome est entourée de 540 fournisseurs locaux, dont 210 dans le territoire du Grand Chalon. Or, 80 % des projets de R&D développés dans le pôle le sont à destination d'une pluralité de filières. En d'autres termes, la recherche initialement développée pour la filière nucléaire est aussi mobilisée par les autres filières du territoire. De plus, les PME locales ont renforcé leurs compétences dans le domaine de la sécurité, du fait des exigences spécifiques des commandes de la filière nucléaire, et ce au profit de leurs autres donneurs d'ordre.

Nous pouvons aussi évoquer le quartier Saint-Cosme du Grand Chalon, qui accueille à la fois une cité du numérique, des start-up, un centre de formation de l'UIMM et l'ENSAM pour constituer un site dédié au numérique. Un tel dispositif aide les entreprises à trouver des synergies avec les centres de formation et les laboratoires de recherche, afin de faire passer à l'échelle industrielle des activités innovantes.

Notons que ce n'est généralement pas la proximité spatiale seule qui est recherchée ; bien souvent, elle doit être combinée avec l'encastrement des acteurs dans un réseau de liens interpersonnels ou le partage de routines pour véritablement mener à des bénéfices économiques. Elle peut aussi exister de manière temporaire seulement.

CHAPITRE 4

Tirer parti des ressources matérielles locales

Les chapitres précédents soulignent l'importance des ressources immatérielles des territoires, parce qu'elles sont souvent plus difficiles à appréhender et que les politiques publiques ont un rôle essentiel à jouer pour les faire émerger puis prospérer. Pour autant, il reste que la réalisation d'un projet territorial ne peut se faire sans ressources matérielles, naturelles et financières. Y garantir un accès, voire parfois en gérer la rareté, demeure un facteur déterminant de réussite des projets industriels.

Composer avec l'absence de financeurs locaux

Les travaux de recherche s'intéressant aux clusters industriels se penchent souvent sur le rôle que jouent les fournisseurs, les salariés, les écoles de formation ou encore les laboratoires de recherche mais rarement sur celui des financeurs (à l'exception de Russo et Rossi, 2001). Pourtant, l'apport de financement est vital pour la réalisation de projets industriels. Si, au début des projets, l'État et les collectivités locales apportent des subventions, il s'avère toujours indispensable de trouver d'autres sources sur le long terme, comme l'affirme Didier Klein : « *L'État et les différentes collectivités ont mobilisé au total entre 60 et 80 millions d'euros de subventions sur ces deux démarches [NDLR : subventions reçues localement au titre des démarches Territoire d'innovation et Territoire d'industrie]. Tout l'enjeu va être, maintenant, de convaincre les banques de continuer à nous prêter de l'argent afin que nous puissions poursuivre les investissements sur notre territoire.* »

Dans le cas des jeunes firmes innovantes, le problème du financement se pose dès les premières phases du cycle de vie des entreprises. L'activité de ces firmes étant risquée du point de vue des banques, la garantie de Bpifrance apparaît comme une condition nécessaire pour les convaincre. Maxime Grojean confirme ce rôle clé de Bpifrance : « *Nous avons délibérément écarté le recours à des fonds d'investissement car nous tenions à conserver la main sur nos orientations stratégiques. Nous avons préféré vendre notre savoir industriel à Volvo, ce qui nous a permis de prendre de premiers marchés, de développer des applications pour des grandes séries et de démontrer ainsi notre capacité à porter l'innovation chez les clients finaux. Nous avons ainsi réussi à éveiller l'attention des banques. Une étape très importante a cependant consisté à obtenir le soutien de la BPI, sans lequel les banquiers n'auraient sans doute pas pris le risque de financer une start-up industrielle, malgré les retours très positifs du marché.* »

Nadège Simon, directrice de Carbo France, entreprise qui produit du charbon de bois destiné au barbecue, a un récit similaire : « *Pour la construction de notre nouveau site industriel, nous avons réussi à convaincre les banques de nous financer grâce aux prouesses de notre prototype, à notre rentabilité croissante et à notre portefeuille de clients qui ne cesse de s'étoffer. Cela dit, je confirme que, sans le soutien de la BPI, elles auraient certainement été plus frileuses sur le montant des sommes allouées...* »

Faute de banques prêtes à jouer un rôle actif, les dirigeants d'entreprise s'adressent aux autres industriels afin de monter des projets collaboratifs et de trouver ainsi un financement. Ils s'adressent également aux collectivités locales, aux Régions ainsi qu'à l'Europe *via* les subventions FEDER[1]. Seul Patrick Pirrat rappelle qu'un moyen de soutenir les jeunes entreprises est de se « *mettre autour de la table avec les banquiers afin d'aider ces entreprises à se constituer des fonds de roulement, par exemple en leur accordant des avances* ».

L'accès aux ressources naturelles, aux infrastructures et aux services

Les activités industrielles ont historiquement prospéré à proximité des gisements de matières premières. Les entreprises de la métallurgie se sont notamment développées au Creusot et à Chalon-sur-Saône en raison de la présence de charbon. De même, la découverte de gaz à Lacq en 1951 a contribué à l'émergence d'un bassin industriel sur place.

Ces ressources fossiles ont fini par se tarir, on le sait, renforçant par contraste l'importance des couloirs de circulation. Dans le cas de Chalon, la Saône a indéniablement eu une influence favorable : cette rivière permet d'accéder au Rhône et au bassin méditerranéen, facilitant ainsi les échanges commerciaux. Les villes portuaires, de la

1. Le Fonds européen de développement régional a comme objectif de corriger les déséquilibres entre les régions européennes en finançant des projets de territoire concernant les PME, l'innovation, la transformation numérique, les quartiers prioritaires urbains... En France, la gestion du fonds est entre les mains des Régions.

même manière, sont propices au développement industriel en raison de l'accès privilégié qu'elles offrent aux entreprises dont les pièces sont fabriquées ailleurs et aux marchés à l'export. Le port de Marseille-Fos, par exemple, constitue une interface entre l'Europe et l'Afrique et se situe au carrefour des flux maritimes entre l'Amérique de l'Ouest et l'Asie. Ces villes accueillent également les activités de production de biens de grande dimension, tels les paquebots construits à Saint-Nazaire, qui ne peuvent être livrés par la route. Bien évidemment, les infrastructures de transport par route et par rail jouent de même un rôle essentiel dans l'accès aux matières premières et aux marchés. Ainsi, le territoire industriel de Nord Franche-Comté tire parti de son accès à l'Europe centrale, tout en étant situé à deux heures et quart de Paris en TGV et disposant d'un aéroport international localisé entre Mulhouse, Bâle et Fribourg.

Toutefois, le bon acheminement des marchandises ne fait pas tout. Il convient aussi de veiller à la qualité de la mobilité des travailleurs, qui ne résident pas nécessairement à proximité de la firme pour laquelle ils travaillent. Ainsi, sur le territoire de Nord Franche-Comté, les besoins de mobilité sont importants en raison de la dispersion des entreprises et du grand nombre de déplacements à effectuer en voiture. C'est pour cette raison que l'EPCI (établissement public de coopération intercommunale) de Montbéliard a investi 100 millions d'euros afin de développer le réseau de bus. Ce dernier exemple illustre un point essentiel : si les connexions de longue distance sont indispensables à l'essor d'un territoire, elles n'en constituent pas une garantie pour autant. À Vitry-le-François, par exemple, cela prend autant de temps d'atteindre la gare Meuse TGV depuis Montiers-sur-Saulx, ville d'implantation de Carbo France, que d'y accéder depuis Paris par le train, démontrant l'insuffisance du maillage infra-territorial. On pourrait penser que les moyens modernes de télécommunication peuvent aisément pallier de tels manques. Malheureusement, c'est souvent dans les territoires pauvrement dotés en voies de communication physiques que les infrastructures numériques (fibre, réseau mobile…) sont également d'un niveau insuffisant pour le bon fonctionnement des entreprises, à plus forte raison dans cette période de crise sanitaire et de confinement, qui entraîne une augmentation du télétravail.

« *Si le dynamisme de notre écosystème industriel contribue fortement à l'attractivité du territoire, celle-ci repose également sur les services proposés aux habitants.* »

De nos jours où la main-d'œuvre est plus mobile – surtout la main-d'œuvre qualifiée – on peut se demander si l'influence des ressources naturelles n'est pas devenue principalement indirecte, c'est-à-dire en tant que facteurs d'attractivité du territoire. Comme le souligne Patrick Pirrat, «*une grande partie de l'attractivité de Saint-Nazaire tient à la proximité de la mer. La plupart de mes collaborateurs sont des "voileux" et ont rejoint l'entreprise moins pour le salaire qu'elle leur proposait que pour la possibilité de se livrer à leur passion.*» Les salariés et leur famille recherchent des aménités: c'est pour cela qu'à Saint-Nazaire, le front de mer a été réaménagé avec bars et restaurants. De même, l'accès aux services de santé et aux services publics est également une variable explicative de la localisation des activités industrielles. Comme le rappelle Jean-Claude Lagrange, vice-président de la région Bourgogne Franche-Comté, «*si le dynamisme de notre écosystème industriel contribue fortement à l'attractivité du territoire, celle-ci repose également sur les services proposés aux habitants. Une région qui veut aider ses entreprises à embaucher doit se préoccuper de l'aménagement du territoire et veiller à être attractive non seulement sur le plan de l'économie, mais aussi sur le plan de la culture, des infrastructures, de la santé, ou encore de l'offre universitaire. Nous avons déjà quelques atouts en la matière: mes enfants, qui vivent dans des métropoles, ne bénéficient pas de la même facilité d'accès ni des mêmes tarifs pour les crèches ou les équipements sportifs qu'en Bourgogne Franche-Comté...*» C'est la raison pour laquelle, par exemple, sur le site du Techn' Hom à Belfort, une maison de santé est en cours de construction.

Une ressource foncière de plus en plus rare

Le poids que font peser le prix et la disponibilité du foncier sur la vitalité industrielle des territoires fait l'objet, parmi les chercheurs, d'une controverse, qui n'est toujours pas close à notre connaissance. Il n'est donc pas surprenant que cette ressource soit rarement identifiée spontanément, que ce soit dans la littérature sur les territoires industriels ou dans les premières intentions du programme Territoires d'industrie[2].

> « Nombre de dirigeants d'entreprises industrielles témoignent que la disponibilité de terrains et le fait d'obtenir rapidement les autorisations nécessaires pour y construire une usine jouent un grand rôle dans leurs décisions d'implantation ou d'extension. »

Le sujet est pourtant «remonté» du terrain; et c'est après réception et lecture des premières fiches actions produites par les territoires début 2019 que les responsables de l'opération Territoires d'industrie ont fait du foncier un enjeu à part entière. Selon Guillaume Basset, directeur du programme Territoires d'industrie: «*Certains territoires, aujourd'hui, manquent cruellement*

2. Gillio (2017) identifie tout de même le foncier comme ressource territoriale importante pour les activités industrielles: il facilite la mutation des activités sur un territoire et constitue une condition d'existence d'autres ressources.

de foncier industriel. À Rochefort, par exemple, il ne reste plus que trois hectares de foncier industriel disponibles. » Nombre de dirigeants d'entreprises industrielles témoignent que la disponibilité de terrains et le fait d'obtenir rapidement les autorisations nécessaires pour y construire une usine jouent un grand rôle dans leurs décisions d'implantation ou d'extension. Cette question est rendue encore plus cruciale par le projet de loi « Climat et résilience » faisant suite à la convention citoyenne pour le climat et présenté au conseil des ministres du 10 février 2021. L'article 46 du projet de loi prévoit de diviser par deux le rythme d'artificialisation des sols sur les dix années suivant la promulgation de la loi. Ceci implique notamment une réutilisation plus intensive des friches industrielles, et donc, leur réhabilitation préalable. À titre d'illustration, le prix « Territoires & Innovation » du Grand Prix National de l'Ingénierie 2020 a été décerné aux équipes d'Ingérop pour la déconstruction de l'ancienne raffinerie de Dunkerque et la réhabilitation d'une vaste friche industrialo-portuaire.

Envisager les friches industrielles comme une ressource

Les friches industrielles souffrent d'une image négative. Or elles peuvent représenter une ressource productive dès lors qu'elles sont réhabilitées. Plus le foncier va se raréfier, à plus forte raison depuis l'instauration de la règle « zéro artificialisation nette », plus ces réhabilitations vont constituer un facteur d'attraction des firmes sur un territoire. Il s'agit donc de rendre ces friches rapidement exploitables pour que de nouvelles activités viennent s'y implanter.

Dans certains territoires, cette démarche est déjà entamée. Ainsi, dans le Nord Franche-Comté, elle fait partie intégrante du programme Territoires d'industrie, et plus généralement de la culture locale. Les collectivités locales se donnent depuis longtemps pour mission de revitaliser les friches industrielles. Pour cela, elles se sont notamment dotées de sociétés d'économie mixte qui rachètent le foncier. La destination des friches est décidée en concertation avec les acteurs publics et privés ; cela a été le cas lorsque PSA a souhaité vendre une partie de ses bâtiments et de ses terrains situés à Sochaux. PSA a proposé aux collectivités de racheter ce foncier pour le louer à ses sous-traitants. Ce projet a ainsi permis à PSA et à ses sous-traitants de diminuer leurs coûts de transport et de créer de nouveaux emplois sur le territoire.

À Vitré également, la mairie utilise le foncier comme un outil de soutien aux entreprises temporairement en difficulté. Si la commune considère que l'activité est viable, elle propose de racheter les locaux et de les louer à l'industriel. En cas de succès, elle pourra les lui revendre. En cas d'échec, elle les louera ou les vendra à une autre entreprise désireuse de s'installer sur le territoire[3].

La disponibilité du foncier

La carence en foncier industriel disponible, du moins dans certains territoires, a plusieurs origines et appelle donc plusieurs sortes de réponses. Parfois, il s'agit bel et bien d'un « manque de place », au sens premier du terme. Ainsi, sur plusieurs territoires (Vitry-le-François, Dieppe) on déplore un manque de foncier disponible, qui oblige les entreprises à trouver des solutions d'installation transitoires : le bâtiment dans lequel la société Gaming Engineering s'est installée est devenu trop petit en seulement six mois, en raison de la croissance de l'entreprise.

> « Des barrières administratives perdurent et allongent les délais d'installation de nouvelles unités productives. »

Parfois, les hectares ne manquent pas réellement, mais des barrières administratives perdurent et allongent les délais d'installation de nouvelles unités productives. Carbo France, producteur de charbon de bois qui souhaitait installer une nouvelle usine dans une zone agricole, en témoigne : « *Nous allons avoir besoin d'une surface de 30 hectares pour notre nouveau site, car nous devrons disposer en permanence d'un stock de 50 000 à 60 000 tonnes de bois, ce qui prend énormément de place. Pour le moment, la zone qui nous intéresse est classée en terres agricoles et il est très difficile d'obtenir son classement en zone industrialisable. Les différentes administrations se renvoient la balle : l'une nous explique que, pour obtenir un permis d'aménager, il faut s'assurer que le réseau routier soit correctement dimensionné, mais il n'existe pas d'étude sur le réseau en question, et c'est une autre administration qui doit la réaliser. Entre les différentes contraintes à respecter, nous avons déjà perdu deux ans sur notre calendrier de création d'une nouvelle usine. Nous espérons que la démarche Territoires d'industrie permettra d'accélérer le processus.* » Une des fiches actions du Territoire d'industrie consiste donc en la réduction des délais de révision des plans locaux d'urbanisme (PLU au niveau communal et PLUi au niveau intercommunal), afin de faciliter les démarches administratives des entreprises et leur permettre d'acquérir plus facilement le foncier dont elles ont besoin.

Parfois aussi, les difficultés rencontrées s'apparentent moins à un problème de place que de cohabitation, autrement dit d'appétits rivaux dans l'accès au foncier. Dans les territoires urbains tels que Grand-

3. Voir le témoignage de Pierre Méhaignerie, ancien maire de Vitré, dans Bourdu *et al.* (2019, p. 316).

Orly Seine Bièvre, les entreprises se heurtent ainsi à de multiples obstacles : l'acceptabilité par les riverains, les contraintes environnementales, l'inadaptation des bâtiments de centre-ville pour accueillir les activités productives, etc. Le besoin en foncier y est évalué, à l'horizon 2030 et à l'échelle de la région Île-de-France, à 1,5, voire 1,9 million de mètres carrés par an. Augmenter le foncier disponible requiert d'imaginer de nouvelles formes urbaines. Jusqu'alors, une solution proposait de concevoir des bâtiments mixtes, où le rez-de-chaussée serait dédié aux ateliers de type Fablab et les étages serviraient aux logements résidentiels. Mais cela demande d'intervenir sur le plan réglementaire, *via* le plan local d'urbanisme, pour prévoir et dédier des espaces aux activités productives. Une concertation est également nécessaire entre la ville, principal intervenant dans le domaine du foncier, les industriels et les aménageurs, comme le rappelle Gilles Crague, enseignant-chercheur à Ponts ParisTech.

Enfin, la disponibilité du foncier industriel doit être mise en relation avec celle du foncier résidentiel. La présence de logements est non seulement un facteur d'ancrage au territoire des travailleurs mais c'est aussi un facteur d'attractivité. C'est pour cela que plusieurs territoires comme celui de Vitry-le-François, Saint-Dizier, Bar-le-Duc, Bassin de Joinville, ont prévu un accompagnement à la recherche de logement au sein d'un « Pack Accueil » destiné aux nouveaux arrivants.

CHAPITRE 5

Amorcer une transition écologique et impliquer la société civile

L'impératif environnemental, facteur de renouvellement des relations territoriales

Il existe une abondante littérature pour décrire comment les territoires, immergés dans une économie compétitive mondialisée, doivent absolument « tirer leur épingle du jeu » pour se prémunir du risque de déclassement (Torre et Zimmermann, 2015 ; Veltz, 2020). Une rivalité entre territoires serait en quelque sorte venue se superposer à la concurrence entre firmes, les premiers devant à tout prix attirer et retenir les secondes. En d'autres termes, la compétition articulée autour de firmes globales serait venue mettre à mal les « solidarités économiques objectives des territoires » (Giraud, 2015), qu'il s'agit pour la puissance publique de reconstituer.

La perspective change, pourtant, si l'on ne se place plus dans le cadre d'une mondialisation positive et infinie mais dans le cadre plus malthusien d'un environnement aux ressources limitées. Le « local » devient alors un levier d'action environnementale et une réponse à la demande croissante des populations de « faire société », à tout le moins pour les responsables politiques. Cette intégration de la dimension socio-environnementale dans leurs projets territoriaux les pousse à faire émerger de nouvelles relations entre agents économiques, lesquels deviennent conscients que les conséquences sociales et environnementales de leurs comportements doivent être prises en compte, de même que les impératifs du marché.

Certains territoires s'organisent déjà en fonction de ces considérations : le port de Marseille-Fos, par exemple, accompagné d'autres acteurs locaux, réoriente sa stratégie autour de projets liés à la transition écologique. On voit y apparaître des démarches dites d'écologie industrielle qui permettent la « construction d'un territoire productif en vue de renforcer la soutenabilité des processus de production » (Beaurain et Brullot, 2011). Il s'agit notam-

Encadré 3 - Éclairage sur les notions de transition écologique et d'économie circulaire

« Par transition écologique, on renvoie à la fois à l'enjeu de lutte contre le changement climatique, qui passe par le fait de réduire les consommations énergétiques mais aussi de recourir à des énergies moins carbonées, et à la transformation de notre rapport global au monde vivant qui, à mon sens, recouvre non seulement la biodiversité et les écosystèmes, mais aussi l'ensemble des ressources d'un territoire, qu'il s'agisse de matériaux, d'énergie, de ressources alimentaires, ou encore de ressources humaines, de patrimoine, de savoir-faire. » (Hélène Peskine, secrétaire permanente du PUCA, Plan Urbanisme Construction Architecture)

Le concept d'économie circulaire « est né du constat que nous vivons et consommons au-dessus des moyens de la planète, que certaines ressources sont d'ores et déjà en situation de pénurie (cuivre, argent, zinc, nickel, et même le sable, sans parler des métaux rares), alors que nous les utilisons pour fabriquer toute sorte d'objets courants, et que ce modèle rend l'avenir de l'humanité de moins en moins viable. L'économie circulaire consiste à passer d'un système de production linéaire (on extrait de la matière première, on fabrique des produits, on les consomme puis on les jette) à un fonctionnement en boucle d'où la notion de déchet est absente. L'objectif est de produire des biens et des services en limitant fortement le gaspillage des matières premières et des énergies non renouvelables. L'économie circulaire a un avantage supplémentaire, le fait d'ancrer sur le territoire de nouvelles activités productives, puisque ce sont des ressources locales qui servent à produire de l'énergie. » (Sébastien Bourdin, professeur de géographie à l'EM Normandie)

ment d'économiser les flux de matière et d'énergie : le site de Marseille-Fos possède depuis 2017 un système de branchement électrique pour les bateaux, leur permettant de couper complètement les moteurs lorsqu'ils sont à quai. En outre, une fiche action déposée dans le cadre du programme Territoires d'industrie consiste à mettre en place un réseau de vapeur entre les industriels implantés sur le site de Caban-Tonkin, à Fos-sur-Mer, afin de valoriser la chaleur dite fatale, c'est-à-dire la chaleur produite par des activités industrielles, qui n'était pas récupérée jusqu'alors. Un autre projet vise à utiliser le dioxyde de carbone des fumées industrielles pour cultiver des micro-algues qui seront transformées en biocarburant. Sur le territoire de Vitry-le-François, Saint-Dizier, Bar-le-Duc, Bassin de Joinville, Carbo France a mis au point un prototype qui permet d'économiser du bois pour la fabrication de charbon de bois, d'utiliser l'énergie résiduelle et de recycler ses propres déchets à travers une chaufferie biomasse en cogénération.

De manière plus générale, la transition écologique est un enjeu traité dans le cadre des projets portés par les Territoires d'industrie (*cf.* la note d'analyse de 80 fiches actions dédiées à l'écologie industrielle territoriale, AdCF, 2019). Comme le rappelle Hélène Peskine, secrétaire permanente du PUCA, ces projets sont présents sur l'ensemble du territoire français. Elle énonce d'ailleurs, au sujet du programme de recherche dont elle a la charge : « *Si le PUCA a décidé de décentrer le regard vers les petites et moyennes villes, c'est que leurs réalisations passent souvent inaperçues. Il y a beaucoup de créativité un peu partout en France, et pas seulement dans les métropoles ou dans les grandes filières. Ces initiatives prennent des formes variées, souvent associatives ou coopératives, y compris entre entreprises d'une même filière. Il s'agit, par exemple, d'agriculteurs qui se réunissent autour d'un projet de méthanisation, ou encore de participation citoyenne à un projet d'énergie renouvelable. Beaucoup d'acteurs sont peu visibles médiatiquement, alors même que leurs projets aboutissent. Souvent, même, la réussite des projets est plus facile dans les petits territoires, car les interactions entre décideurs et parties prenantes sont beaucoup plus simples et rapides.* » On a ainsi appris que la première voiture fonctionnant à l'hydrogène et dotée du droit de rouler en France avait été créée par une PME, installée sur le territoire Nord Franche-Comté, l'université de technologie de Belfort-Montbéliard et Michelin. Faute de demande, l'entreprise a toutefois dû fermer.

Toutefois, des tensions peuvent cependant émerger entre l'objectif d'essor industriel et ces préoccupations environnementales. Ainsi la voie ferrée qui desservait autrefois la zone d'Arques-la-Bataille (à côté de Dieppe) a-t-elle été transformée en piste cyclable, contre l'intérêt des industriels qui auraient préféré le réaménagement des voies ferrées pour le transport des marchandises.

Impliquer les citoyens dans la redynamisation des territoires industriels

Comme mentionné par Torre et Zimmermann (2015), on ne peut intégrer les considérations socio-environnementales à un projet de territoire sans y impliquer de nouvelles parties prenantes. Parallèlement, on saisit mieux l'évolution des territoires industriels si on prend la peine d'écouter ce qu'ont à en dire les interlocuteurs autres que les employés, les financeurs, les fournisseurs et l'Administration.

« On ne peut intégrer les considérations socio-environnementales à un projet de territoire sans y impliquer de nouvelles parties prenantes. »

La participation, au cours d'un séminaire dédié au projet de Marseille-Fos, d'un porte-parole d'une association de riverains est révélatrice de cette approche « extensive ». L'accès à l'eau, et plus généralement aux ressources environnementales, peut faire l'objet de conflits entre riverains, industriels et agriculteurs[1] sur un territoire ; une concertation peut alors se révéler nécessaire avant de trouver un arrangement entre les parties, et ce pour un développement pérenne des activités. Inversement, des projets industriels à vocation écologique peuvent se heurter à la résistance des habitants, qui devient alors un frein à la transition. En effet, ainsi que l'explique Sébastien Bourdin, professeur de géographie à l'EM Normandie, « *comme l'éolien, la méthanisation se heurte au phénomène NIMBY (Not In My BackYard). Les gens ne sont pas opposés aux énergies renouvelables et sont même désireux que leur territoire s'engage dans cette voie, mais la plupart d'entre eux ne veulent pas que les installations correspondantes soient implantées près de chez eux. Toutefois, dans le cadre d'un projet de recherche sur le déploiement de la méthanisation en France, nous avons constaté qu'il existe aussi des habitants qui, quoique riverains d'un projet de méthanisation, y sont favorables. Nous avons cherché à comprendre pourquoi et nous nous sommes rendu compte que l'établissement d'un dialogue et d'une relation de confiance en amont du projet jouait un rôle majeur dans la prise de position des riverains. Lorsque les porteurs du projet de méthanisation l'entourent de secret et ne l'annoncent que quelques mois avant le début de la construction, de peur de voir une association de riverains le faire échouer, ils créent toutes les conditions pour susciter de fortes oppositions. En vertu du principe selon lequel "Quand c'est flou, il y a un loup", les gens se demandent pourquoi on leur a caché des choses et s'arc-boutent contre le projet.* »

On aurait cependant tort de penser qu'une telle implication « citoyenne » ne sert qu'à éviter ou à résoudre des conflits. L'indifférence des habitants pour leur environnement productif peut en effet se révéler plus coûteuse encore. C'est ainsi que Joseph Compérat, responsable des études économiques au conseil régional de Bourgogne Franche-Comté, parle de ce qu'il nomme la « part des anges » : « *Magali Talandier [NDLR professeure en urbanisme et en aménagement du territoire à l'université Grenoble-Alpes] a montré en 2014 que, d'un EPCI à l'autre, on constate de 55 à 95 % d'évaporation entre le total des revenus de la population et le total de la consommation locale. Ce n'est sans doute pas très grave, à condition que ce soit l'EPCI voisin qui en bénéficie.* » On mesure à l'aune de ces chiffres le rôle des consommateurs dans la prospérité du territoire et combien, pour les personnes qui en ont la charge, il peut être décisif de « rebrancher » production et

1. Voir par exemple Caron et Torre (2006).

consommation. Ce mouvement est déjà à l'œuvre dans le secteur agroalimentaire : le cas des associations pour le maintien de l'agriculture paysanne (AMAP)[2] est désormais bien connu. Au sein de ces dernières, les consommateurs s'engagent à acheter des produits à un agriculteur du territoire et participent à l'élaboration du cahier des charges des produits, notamment la manière de produire. À lire certains auteurs, il n'est pas exclu que cette tendance s'étende à d'autres secteurs, s'il se confirme que la jeune génération constitue bien une force motrice dans la transition écologique, mue par de nouvelles valeurs (autonomie, réhabilitation du faire) et en « révolte générale contre l'abstraction » selon les mots de Pierre Veltz (ingénieur du corps des Ponts, sociologue et économiste, ancien PDG de l'établissement public Paris-Saclay et président du conseil scientifique de l'Institut des hautes études pour le développement et l'aménagement des territoires en Europe).

> **“** Pour qu'un territoire révèle tout son potentiel, il faut que la population se l'approprie et prenne conscience de ce potentiel, ce qui demande souvent beaucoup de temps. **”**

Toutefois, une telle implication de la population dans des projets de territoire ne se décrète pas et, qui plus est, prend du temps. François Bost, professeur de géographie industrielle à l'université de Reims, l'a souligné en ces termes : « *Une sorte de "pensée magique" tend à faire du territoire un paradigme nouveau qui viendrait résoudre tous les problèmes, qu'ils soient économiques, sociaux ou environnementaux, dans une vision un peu romantique, ou du moins idéalisée de cette notion. En réalité, pour qu'un territoire révèle tout son potentiel, il faut que la population se l'approprie et prenne conscience de ce potentiel, ce qui demande souvent beaucoup de temps.* »

2. Les AMAP fonctionnent de manière similaire aux teikei créés au Japon dans les années 1970 et aux Community Support Agriculture (CSA) aux États-Unis dans les années 1990.

POINT DE VUE

Proposer une politique industrielle au territoire

Par Bruno Aziere, secrétaire national à l'industrie de la Fédération de la métallurgie CFE-CGC

À la lecture de cette note, j'observe qu'elle ne se destine pas à n'être, et c'est une bonne chose, qu'un seul bilan de l'efficacité du programme Territoires d'industrie. Si tel avait été l'objectif, il aurait fallu pointer les territoires où le dispositif n'a pas fonctionné. Elle se veut être, au contraire, une synthèse des témoignages d'acteurs engagés, ayant relevé le défi de la désindustrialisation. Je trouve cette approche pertinente.

Mettre en exergue, d'abord et avant tout, toutes ces expériences positives portées par la volonté et le dynamisme de l'ensemble des acteurs vers un objectif commun est primordial. Je rapproche ce dynamisme, de ce que la Métallurgie CFE-CGC prône elle-même dans son document « Et demain l'industrie » sur la politique industrielle. Que ce soit au niveau territorial ou au niveau national, ce partage de l'identité et de la vision que l'on doit donner à l'industrie est la base de ce travail. Le chapitre 1 de la note aurait d'ailleurs pu être titré : « Proposer une politique industrielle au territoire ».

Je trouve également judicieuse la définition du périmètre territorial. En cela, les expériences partagées dans cette note démontrent que le territoire est ajustable. Il ne doit pas être freiné par des frontières administratives (régions, départements, agglomérations, etc.). Il est aussi intéressant de présenter les compétences d'un territoire, non pas uniquement sur ce que ce dernier produit industriellement, mais aussi sur les compétences qui y sont disponibles.

A contrario, le traitement de l'importance des infrastructures (physique, numérique, sociale) n'est pas, selon nous, suffisamment traité. À l'instar de ce témoignage d'une patronne d'ETI qui se plaignait que la première cause de disparition de ces entreprises en France était due à une infrastructure locale défaillante (la désertification des services publics entraînant le territoire dans un cercle non vertueux).

Le long chapitre traitant de la transition écologique fait prendre conscience que les partenaires sociaux devraient, à l'instar du secteur agroalimentaire, proposer la mise en place, dans tous les territoires, d'associations œuvrant au maintien d'une industrie responsable. Pour, *in fine*, faire prendre conscience aux consommateurs qu'ils ont eux-mêmes une responsabilité dans l'accompagnement des industriels vers cette transition.

CONCLUSION

Comment tirer parti du programme « Territoires d'industrie » ?

Pour un territoire donné, l'action publique constitue à la fois une voie pour créer des ressources nouvelles et une opportunité de sortir d'une situation de verrouillage. Il est prématuré de prétendre ici évaluer l'efficacité du programme Territoires d'industrie ; aussi nous nous attachons pour l'instant à retranscrire la façon dont les acteurs s'en sont saisis.

Une grande hétérogénéité des situations initiales

Pour certains territoires, comme à Dieppe ou à Grand-Orly Seine Bièvre, le programme Territoires d'industrie s'inscrit dans la continuité d'actions antérieures, déjà entreprises avec le souci du « temps long ». Il se présente alors comme un moyen de consolider ou d'accélérer la mise en place de ces actions. Pour Romuald Gicquel, du territoire Nord Franche-Comté, « *le programme Territoires d'industrie est destiné surtout à créer du lien entre les entreprises et les acteurs de l'écosystème économique* » et s'inscrit dans la continuité d'un travail entamé quelques années avant, grâce à d'autres programmes tels que Territoires d'innovation et Territoires d'hydrogène.

À Marseille, le programme est vu par Hélène Barrau, cheffe du service Mutations industrielles et transition énergétique à la métropole Aix-Marseille-Provence, comme un moyen de « *faciliter la mobilisation des dispositifs de financement public en appui de l'investissement privé et de lever les verrous administratifs qui sont très importants sur des sujets tels que les espaces portuaires.* »

Il peut enfin être considéré comme un moyen de mettre en visibilité des questions spécifiques. Ainsi que l'explique Muyinat Ogboye-Vazieux, cheffe de projet du Territoire d'industrie Grand-Orly Seine Bièvre, les acteurs de ce dernier se sont ainsi saisis du programme pour obtenir un droit d'expérimentation sur un dispositif nouveau qui «*permettrait de garantir le versement des loyers pendant les 18 premiers mois de la commercialisation des locaux, dans le cas où l'investisseur ne parviendrait pas à trouver d'occupants. Notre but est de créer un effet de levier, avec l'espoir que nous n'aurons jamais à déclencher le dispositif compte tenu de la masse des entreprises qui sont à la recherche de locaux. Nous nous heurtons à quelques réticences, car ce genre d'outil n'entre pas, en principe, dans les compétences d'un EPT [établissement public territorial], mais nous cherchons, dans le cadre de Territoires d'industrie, à obtenir un droit d'expérimentation afin de démontrer par l'exemple la faisabilité de ce dispositif.*»

La plupart des personnalités interrogées s'accordent sur le fait que le programme est un moyen de fédérer les acteurs économiques, parce qu'il les encourage à exprimer des besoins communs et à chercher des synergies. Il arrive également qu'ils cherchent à faire émerger des projets industriels structurants. Notons en outre que nous avons aussi rencontré des élus, des industriels ou encore des membres de l'administration publique qui ne souhaitaient pas se mobiliser sur ce programme ou qui simplement n'avaient pas été consultées par les personnes en charge de piloter le programme au niveau local.

Vers un changement de gouvernance territoriale ?

Le programme Territoires d'industrie confie la mobilisation des acteurs et la coordination de chaque projet territorial à un binôme composé d'une personne élue et d'une personne représentant l'industrie, ainsi qu'aux Régions. Ce choix se justifie empiriquement : le rôle déterminant des élus a été illustré dans le cas de Vitré (Bourdu *et al.*, 2019), du Grand Lyon ou de La Réunion (Veltz et Weil, 2015). Le rôle des industriels partageant les mêmes besoins a, quant à lui, été confirmé dans le cas de Figeac (DATAR/CAE/Académie des Technologies, 2010). Grégory Richa, associé d'OPEO, souligne par ailleurs le rôle actif que peuvent jouer les Régions – au-delà de la phase de diagnostic – dans la redynamisation du tissu industriel. Elles peuvent participer à l'élaboration partenariale de solutions, ainsi que le montre l'exemple de la région Grand Est qui a mené durant la crise sanitaire des ateliers réunissant industriels, chercheurs et start-up. Les Régions pourraient aussi contribuer à l'émergence de nouvelles activités en passant directement commande auprès des producteurs. Plus généralement, rappelons que la Loi NOTRe a renforcé le rôle des Régions en matière de développement économique et d'aménagement durable des territoires, tandis qu'elle a rendu obligatoire le rattachement des communes à une intercommunalité.

Dans certains territoires, comme nous l'avons vu, les espaces de coordination entre les différentes parties prenantes, publiques et privées, existent déjà. Dans d'autres, il faudra repenser ces relations, les clarifier et les formaliser, faute de quoi les projets industriels ne pourront voir le jour. Dans cette optique, le territoire de Pau-Lacq-Tarbes a défini différents comités pour coordonner le programme et encadrer la prise de décision. Il est décrit par Audrey Le-Bars, cheffe de projet du programme : « *L'équipe projet, composée des responsables économiques des dix EPCI et des animateurs des groupes-projets, assure la coordination intercommunautaire. Un comité de suivi composé d'industriels lui a été adjoint afin que ceux-ci puissent discuter des orientations à privilégier dans le contrat Territoire d'industrie. Un comité technique local, comprenant les référents État et Régions, cinq opérateurs et moi-même, est chargé de s'assurer que les financements sont bien au rendez-vous des actions lancées dans le cadre du programme. Enfin, un comité local, composé des mêmes participants, auxquels s'ajoutent les référents élus et industriels, est l'instance décisionnelle et politique qui valide les plans de financement des nouvelles fiches actions et les éventuels avenants.* »

Par ailleurs, certains territoires attendent davantage du programme qu'un accompagnement à l'établissement de diagnostics et à la préparation des fiches actions. Ils souhaitent pouvoir passer de l'étape de préparation du projet à sa réalisation. Cela suppose de mobiliser les moyens humains et financiers pour réaliser ces actions et par conséquent d'intégrer les financeurs à la gouvernance du programme.

Vers un dépassement des concurrences entre territoires

Confirmant ce qui a été écrit plus haut, Nadine Levratto, directrice du laboratoire EconomiX à l'Université Paris Nanterre, affirme que le programme ne doit pas mettre en concurrence les territoires. À ses yeux, il importe au contraire de « *sortir des logiques de marketing territorial et d'attractivité territoriale pour jouer sur les complémentarités entre EPCI et les alliances entre territoires* ». Pour Olivier Bouba-Olga, professeur à l'université de Poitiers, « *l'échelle pertinente [d'un territoire] ne correspond pas toujours au maillage administratif et il faut toujours se demander avec quel territoire voisin il pourrait être intéressant de travailler pour améliorer la compétitivité des entreprises de son propre territoire. C'est encore insuffisamment fait en France* ». Un exemple de cette complémentarité nous est toutefois donné par le territoire Pau-Lacq-Tarbes, qui a bien compris que l'appartenance à deux régions – Nouvelle-Aquitaine et Occitanie – pouvait être un atout plus qu'une contrainte. Il est ainsi parvenu à construire un projet riche de 48 fiches actions.

Certes, il existe aussi des contre-exemples, comme le territoire de Vitry-le-François, Saint-Dizier, Bar-le-Duc, Bassin de Joinville, étalé sur trois départements, où la coordination semble d'autant plus compliquée que le périmètre géographique des Territoires d'industrie n'est pas le fruit de concertation entre les acteurs locaux mais a été décidée par les acteurs nationaux et régionaux. Comme Olivier Lluansi, premier directeur du programme Territoires d'industrie le rappelle, la sélection des territoires a été réalisée à un rythme « très intense » : « *certains choix de territoires ont été involontairement imparfaits, tandis que d'autres sont le fruit d'une audace volontaire de la mission de préfiguration. Celle-ci a délibérément retenu des territoires interrégionaux, et bien sûr interdépartementaux. En effet, un territoire de projet n'a rien à voir avec les frontières administratives qui, même renforcées récemment avec les lois de décentralisation, ne sont pas idéales pour ces sujets. Mais il y a aussi eu des divorces : certains territoires n'ont pas voulu travailler ensemble, ce qui démontre que ce ne sont pas des facteurs sociaux qui déterminent la dynamique des territoires, mais des histoires d'hommes et de femmes. Y compris des petits territoires qui avaient une cohérence géographique et industrielle.* » Néanmoins, on aura compris, à la lecture transversale de ces huit projets territoriaux, que le décloisonnement d'acteurs habituellement centrés sur leur périmètre administratif est toujours possible, pour peu qu'émergent des routines partagées et, plus important encore, une vision commune de l'avenir économique du territoire.

Bibliographie

Adam-Ledunois S., Naudassé T., Renault S. (2010), « Proximité et capital social : le cas des parcs industriels fournisseurs », *Management et avenir*, 3(33), 14-34

AdCF (2019), « Stratégies d'écologie industrielle et territoriale. Analyse de 80 fiches actions portées par les Intercommunalités du programme Territoires d'industrie », Note de l'AdCF, décembre, disponible sur https://bit.ly/3fwZCaB

ANCT (2020), « Territoires industriels : comment renforcer le capital social ? Résultats de la Fabrique Prospective », disponible sur https://bit.ly/3sIQvay.

Arthur W. B. (1989), « Competing technologies, increasing returns, and lock-in by historical events », *The Economic Journal*, *99*(394), 116-131.

Beaurain C., Brullot S. (2011), « L'écologie industrielle comme processus de développement territorial : une lecture par la proximité », *Revue d'économie régionale & urbaine*, (2), 313-340.

Becattini G. (1987), *Mercato e forze locali: il distretto industriale*, Quaderni de l'Industria, il Mulino.

Becattini G. (1989), « Riflessioni sul distretto industriale marshalliano come conceto socio- economico », *Stato e Mercato*, avril.

Boschma R. (2005), « Proximity and innovation: a critical assessment », *Regional Studies*, *39*(1), 61-74.

Bouba-Olga O., Ferru M., Guimond B. (2012), « Organisation des activités et dynamiques territoriales : éléments d'analyse et application aux bassins de Cognac et de Châtellerault », *Revue d'économie régionale & urbaine*, (2) 173-191.

Bourdu É., Dubois C., Mériaux O. (2014), *L'industrie jardinière du territoire, ou comment entreprises s'engagent dans le développement des compétences*, Les Notes de la Fabrique, n° 5, Presses des Mines.

Bourdu É., Lallement M., Veltz P., Weil T. (ed) (2019), *Le travail en mouvement*, Presses des Mines.

Bouvart C., Donne V. (2020), « Taux de chômage et zones d'emploi : vers une nouvelle approche de la performance territoriale ? », Document de travail France Stratégie, n° 12, disponible sur https://bit.ly/3m8q4c2.

Caron A., Torre A. (2006), « Vers une analyse des dimensions négatives de la proximité. Les conflits d'usage et de voisinage dans les espaces naturels et ruraux », *Développement durable & territoires*, dossier 7.

Carré D., Levratto N., Frocrain P. (2019), *L'étonnante disparité des territoires industriels. Comprendre la performance et le déclin*, Les Notes de La Fabrique, n° 30, Presses des Mines.

Colletis G., Pecqueur B. (2005), « Révélation de ressources spécifiques et coordination située », *Économie et institutions*, 6-7, 51-74.

Colletis G., Pecqueur B. (2018), « Révélation des ressources spécifiques territoriales et inégalités de développement », *Revue d'économie Regionale et Urbaine*, 5, 993-1011.

Conseil national de la productivité (2021), « Les effets de la crise Covid-19 sur la productivité et la compétitivité », janvier, disponible sur https://bit.ly/3fupLqE

DATAR/CAE/Académie des technologies (2010), « Créativité et innovation dans les territoires », rapport, mai, disponible sur https://bit.ly/3sH6F4n.

Ferru M. (2009), « La trajectoire cognitive des territoires : le cas du bassin industriel de Châtellerault », *Revue d'économie régionale & urbaine*, 5, 935-955.

Fouqueray É. (2020), « À la recherche des Territoires d'industrie à effet local dominant », Document de travail de La Fabrique, n° 4, disponible sur https://bit.ly/2PMEi6a.

Friedman T. (2006), *The world is flat: a brief history of the twenty-first century*, Penguin Books.

Gillio N. (2017), « Le foncier une ressource territoriale pour le développement économique », Thèse de doctorat en géographie, soutenue le 21 juin 2017, Université Grenoble Alpes.

Giraud P N. (2015), *L'Homme inutile. Du bon usage de l'économie*, Paris, Odile Jacob

Gros-Balthazard M. (2018), « L'avenir productif des territoires industriels. Analyse de la diversité des trajectoires économiques locales », Thèse de doctorat en aménagement de l'espace et urbanisme, soutenue le 20 novembre 2018, Université Grenoble Alpes.

Krugman P. (1998), « Space: the final frontier », *Journal of Economic Perspectives*, 12(2), 161-174.

Grossetti M., Zuliani J-M., Guillaume R. (2006), « La spécialisation cognitive : les systèmes locaux de compétences », *Les Annales de la recherche urbaine*, 101, p 23-31.

Marshall A. (1890), *Principles of Economics,* First Edition, Macmillan and Co.

Marshall A. (1893), « Reported speech at the meeting of the British Economic Association », *Economic Journal*, 3, 387-90.

Perroux F. (1955), « Notes sur la notion de pôle de la croissance », *Économie Appliquée*, 1(1-2), 309-320.

Putnam R. (1993), « The prosperous community: social capital and public life », *The American Prospect*, 13(4).

Russo P. F., Rossi P. (2001), « Credit constraints in Italian industrial districts », *Applied Economics*, 33(11), 1469-1477.

Talbot D. (2006), « La gouvernance locale, une forme de développement local et durable ? Une illustration par les pays », *Développement durable & territoires*, dossier 7.

Torre A., Zimmermann J.-B. (2015), « Des clusters aux écosystèmes industriels locaux », *Revue d'économie industrielle*, 152, 13-38.

Veltz P. (2020), « Le tournant local, puissant et ambivalent », *Constructif,* 55, mars.

Veltz P., Weil T. (2015), *L'industrie, notre avenir*, Paris, Eyrolles.

Zeller A. (2004), « Face aux crises, comment mobiliser les énergies locales », *Le journal de l'école de Paris du management*, 4(48), 29-35.

Liste et résumé des séminaires

Séance inaugurale, 5 juillet 2019, avec Olivier Lluansi, délégué interministériel pour les Territoires d'industrie.

Séance 2 - Le Nord Franche-Comté mise sur les filières d'avenir, 25 septembre 2019, avec Romuald Gicquel, directeur du site Alstom de Belfort, et Didier Klein, maire de Taillecourt, vice-président du Pays de Montbéliard Agglomération.

Avec plus de 30 000 emplois industriels, le territoire Nord Franche-Comté est le pôle métropolitain comptant la plus forte part d'emplois industriels. Frappé par des crises successives, le territoire a fait preuve d'étonnantes capacités de résilience et d'innovation. Ses atouts, la présence de filières d'excellence tournées vers l'avenir (automobile, ferroviaire, énergie, numérique, etc.) et les actions mises en place notamment dans le cadre du programme Territoires d'industrie, créent les conditions d'une transition réussie vers l'industrie du futur. Le territoire devra relever plusieurs défis, dont celui du recrutement : malgré une offre locale de formation de qualité, les industriels peinent à attirer, voire à retenir la main-d'œuvre dont ils ont besoin.

Séance 3 - Saint-Nazaire croit en son avenir industriel, 23 octobre 2019, Vivien Duthoit, directeur général adjoint de la communauté d'agglomération de la Région Nazairienne et de l'Estuaire (CARENE) et Patrick Pirrat, expert industriel aux Chantiers de l'Atlantique.

Modeste port de pêche jusqu'au milieu du XIXe siècle, Saint-Nazaire devient le berceau de transatlantiques de légende comme le *France* et le *Normandie*. Après les difficultés rencontrées dans les années 2000, Saint-Nazaire est de nouveau en plein essor, aussi bien du côté des chantiers navals que de l'aéronautique, également présente sur ce territoire, de même que beaucoup d'autres industries d'assemblage de produits de grande dimension, grâce à la proximité du port. Ses deux activités principales étant cependant cycliques, Saint-Nazaire doit préparer l'avenir en se diversifiant. Par ailleurs, la création de 14 % d'emplois supplémentaires dans le secteur privé entre 2008 et 2018 n'a pas permis de résorber complètement le chômage, qui reste élevé (7,6 %) alors même que 2 000 emplois sont vacants. Les acteurs locaux se sont regroupés, dans le cadre du programme Territoires d'industrie, pour lancer d'ambitieux projets destinés notamment à soutenir la création d'entreprises, à aider les fournisseurs à se pérenniser, ou encore à mutualiser les investissements en intelligence artificielle afin d'améliorer la synchronisation, maître-mot chez les assembleurs et systémiers. Industriels et institutionnels parviennent à travailler ensemble sur ce territoire dont la particularité est la dimension des produits fabriqués, les amenant à parler de territoire XXL.

Séance 4 - Le port de Marseille-Fos s'engage en faveur de la transition énergétique, 14 novembre 2019, avec Hélène Barrau, cheffe du service Mutations industrielles et transition énergétique, à la métropole Aix-Marseille-Provence, et Stéphane Reiche, délégué général du port de Marseille-Fos.

L'observatoire des Territoires d'industrie a choisi le territoire de Marseille-Fos, Aix-Rousset Gardanne, Istres-Fos-Marignane-Étang de Berre pour tenir son premier séminaire en région. L'impératif écologique guide les actions de ce Territoire d'industrie ; l'ambition aussi, si l'on regarde le grand nombre de fiches actions pensées initialement par les acteurs. En termes de mobilité décarbonée, le territoire fait le pari de l'hydrogène et du report modal vers le ferroviaire. L'économie circulaire est au cœur de la stratégie de la plateforme Piicto, un espace industrialo-portuaire innovant qui développe des synergies industrielles autour de projets tels qu'un réseau vapeur alimentant l'ensemble des industriels de la plateforme. Le port de Marseille-Fos s'oriente vers les énergies renouvelables et veut augmenter ses capacités installées en photovoltaïque, éolien et thalassothermie. Également précurseur dans le raccordement électrique des navires à quai, le port constitue un levier majeur dans la démarche de transition énergétique du territoire. Voulant diversifier ses revenus, il réfléchit aujourd'hui à la valorisation de son foncier en lien avec l'impératif écologique. Bref, autant d'exemples d'actions qu'il serait possible d'adapter à d'autres territoires.

Séance 5 - Percer le mystère de la performance territoriale, 3 décembre 2019, avec Nadine Levratto et Denis Carré, Université Paris Nanterre ; Coline Bouvart et Vincent Donne, France Stratégie ; Joseph Compérat, Conseil régional de Bourgogne Franche-Comté ; Gilles Crague, École des Ponts ParisTech ; Étienne Fouqueray, économiste associé à l'Université de Poitiers.

À l'heure où le territoire est devenu (ou redevenu) un point d'entrée privilégié des politiques publiques, il paraît nécessaire de dresser un bilan des résultats de plus de vingt ans de recherche sur cette question. Cette séance, consacrée à la compréhension des disparités territoriales en matière de développement économique et d'emploi, comprend cinq interventions, dont trois relevant d'une approche d'économistes, avec Nadine Levratto et Denis Carré, qui ont étudié la performance des territoires du point de vue de la création d'emplois ; puis Vincent Donne et Coline Bouvart, qui ont travaillé sur le même thème mais en adoptant comme indicateurs les niveaux ainsi que l'évolution du chômage ; et enfin Joseph Compérat qui a étudié le cas de la Bourgogne Franche-Comté. Les deux exposés suivants relèvent d'une approche plus sociologique ou « multi-outils », avec Étienne Fouqueray, qui évoque le territoire de Melle dans les Deux-Sèvres, et Gilles Crague, qui présente un projet de développement mené à Flers dans l'Orne.

Séance 6 - Grand-Orly Seine Bièvre réinvente l'industrie dans la ville, 28 janvier 2020, Muyinat Ogboye-Vazieux, cheffe de projet Territoire d'industrie à l'établissement public territorial Grand-Orly Seine Bièvre, et Gilles Crague, enseignant-chercheur à l'École des Ponts ParisTech.

Comment redynamiser un territoire caractérisé par des activités industrielles héritées du passé, au sein d'une métropole comme le Grand Paris ? C'est le défi auquel doit répondre le Territoire d'industrie Grand-Orly Seine Bièvre, qui compte 17 320 emplois industriels. Comment assurer l'adaptation des formations aux métiers industriels présents sur le territoire, la promotion de ces métiers, la satisfaction des besoins en immobilier productif, la modernisation des entreprises industrielles et le développement des PME à l'international ? Comment s'adapter aux contraintes urbaines et promouvoir le territoire au sein de la métropole ? Comment renforcer les synergies entre le tissu industriel en place – fort non seulement de grandes organisations comme Air France Industries ou le marché d'intérêt national de Rungis, mais aussi de 1 300 structures de l'économie sociale et solidaire – et le tissu urbain ? Comment répondre aux défis plus globaux de la transition écologique et de l'industrie du futur ? Grand-Orly Seine Bièvre se tient prêt à réaliser les engagements pris dans son « Manifeste pour un territoire industriel & productif ».

Séance 7 - Dieppe Côte d'Albâtre fait le plein d'énergie, 25 février 2020, Gill Geryl, vice-président à la communauté d'agglomération de la région dieppoise (Dieppe Maritime), en charge du développement économique ; Ludovic Lepetit, directeur du service Économie, Emploi-Formation-Insertion et Politique de la ville, et directeur du dispositif PLIE (plans locaux pluri-annuels pour l'insertion et l'emploi), communauté d'agglomération de la région dieppoise (Dieppe Maritime), et Alain Verna, PDG de Toshiba TEC Europe Imaging Systems, président de la filière régionale Logistique Seine Normandie (LSN), président du groupement d'entreprises Vialog.

Entre terre et mer, le territoire dieppois est caractérisé par une forte présence de l'industrie (30 % de l'emploi local), de la filière énergie (nucléaire et énergies renouvelables) et des activités maritimes. Les 650 entreprises industrielles comprennent à la fois des PME et des filiales de grands groupes comme Toshiba. Depuis une dizaine d'années, environ 400 d'entre elles se sont regroupées, soit par zones d'activités, soit par filières. Les dispositifs Territoires d'industrie et Fabrique Prospective ont été facilement adoptés par ce territoire ayant déjà une culture bien ancrée du travail en réseau.

Séance 8 - Penser le territoire comme solution face à la crise, 19 mai 2020, Olivier Bouba-Olga, enseignant-chercheur à l'Université de Poitiers, et Grégory Richa, associé d'OPEO.

La crise sanitaire actuelle a mis sur le devant de la scène les questions de réorganisation des chaînes de valeur industrielles et de relocalisation des activités stratégiques. Cette dernière n'est pas envisageable à court terme pour tous les secteurs d'activité, à la fois pour des raisons de compétitivité, de ressources et de recrutement. La crise va, en revanche, conduire à une recomposition du tissu industriel, et les plans de relance pourraient être l'occasion de redonner vie à un projet plus ambitieux de développement industriel. Dans cette perspective, les territoires ont un rôle majeur à jouer, que ce soit pour identifier les acteurs et leurs besoins en étant au plus proche du terrain, aider les entreprises à se connecter et les accompagner pour faciliter les recrutements, décliner les plans de relance au niveau infrarégional, favoriser la prise en compte des aspects environnementaux ou encore améliorer l'image de l'industrie auprès des jeunes

Séance 9 - Le Grand Chalon s'illustre dans l'art d'entraîner, 16 juin 2020, avec Jean-François Debost, directeur général du pôle de compétitivité Nuclear Valley ; Patrice Di Ilio, chef d'établissement Framatome ; Jean-Claude Lagrange, vice-président de la région Bourgogne Franche-Comté en charge du développement économique, de la nouvelle croissance et de l'emploi ; Isabelle Laugerette, secrétaire générale de l'UIMM 71 ; Sébastien Martin, président de la communauté d'agglomération du Grand Chalon.

Entre Chalon-sur-Saône et l'industrie, c'est une longue histoire. La localisation de la ville sur la Saône et à proximité des forges du Creusot a favorisé la création d'un chantier de construction navale au XIXe siècle. Puis se sont développées les activités mécaniques, la métallurgie et la fabrication de produits métalliques ainsi que la fabrication de verre. La communauté d'agglomération du Grand Chalon compte aujourd'hui 9 400 emplois industriels selon l'Insee : 32 % de ces emplois proviennent du secteur des produits métalliques, et Framatome, fabricant de composants pour les réacteurs nucléaires français, en est le plus grand pourvoyeur. Cette séance a mis en évidence le rôle d'entraînement joué par le nucléaire dans le tissu économique local, et également la résilience de ce territoire, résilience liée à sa capacité à diversifier ses activités, à son dynamisme dans les domaines de la formation industrielle et de la transformation numérique, ainsi qu'à la solidarité qui s'est exprimée chez les industriels à l'occasion de la crise de la Covid-19.

Séance 10 - Quand Vitry-le-François, Saint-Dizier, Bar-le-Duc et le Bassin de Joinville jouent avec les frontières, 15 septembre 2020, avec Maxime Grojean, directeur général de Gaming Engineering ; Lydie Rollot, cheffe du service Développement territorial de la région Grand Est, Agence territoriale de Saint-Dizier Bar-le-Duc ; Nadine Simon, gérante de Carbo France.

À mi-chemin entre Paris et Nancy, et au carrefour de trois départements, le territoire composé des communes de Vitry-le-François, Saint-Dizier, Bar-le-Duc et du Bassin de Joinville appartient à cette France forgée par la tradition métallurgique. Si l'emploi manufacturier marnais et meusien s'est désagrégé au fil des années, il constitue toujours une part essentielle de l'activité économique. Pour réussir sa transition et se régénérer, ce Territoire d'industrie se repositionne sur des activités de haute technicité et exploite les retombées économiques de l'implantation d'un site de la filière énergétique. Il s'appuie sur son patrimoine culturel et touristique, sur un accès au foncier facilité et sur un dialogue accru entre les agents économiques.

Séance 11 - Le renouveau productif des territoires, 7 octobre 2020, avec Guillaume Basset, directeur du programme Territoires d'industrie ; Fabrice Bonnifet, directeur du développement durable de Bouygues et président du C3D ; François Bost, professeur de géographie industrielle à l'université de Reims Champagne-Ardenne ; Elizabeth Ducottet, présidente-directrice générale de Thuasne ; Gioacchino Garofoli, professeur à l'université de l'Insubrie (Italie).

Cette table ronde nous invite à la redécouverte des systèmes productifs territoriaux. Des districts industriels italiens aux Territoires d'industrie, elle met en évidence les changements observés en matière d'emploi et de gouvernance locale, etc. et vise à chercher les nouvelles modalités d'action des territoires.

Séance 12 - Lacq-Pau-Tarbes sait piloter son industrie, 25 novembre 2020, avec Patrice Bernos, directeur général du groupement d'intérêt public Chemparc ; Audrey Le-Bars, responsable développement économique, enseignement supérieur et innovations au pôle métropolitain Pays de Béarn, directrice de projet Territoires d'industrie ; Dominique Mockly, président-directeur général de Teréga ; Jean-Michel Ségneré, président-directeur général du groupe Ségneré.

Territoire pilote du programme Territoires d'industrie, Lacq-Pau-Tarbes a construit son identité autour d'une pluralité d'industries allant de l'aéronautique à l'agroalimentaire, en passant par la chimie fine, la céramique technique ainsi que l'extraction et le travail de la pierre. À la question de la fin de l'exploitation de gaz qui a fait sa réputation, le territoire a répondu par le développement de projets dans les bioénergies, la méthanisation et l'hydrogène. Il a décidé de faire de son interrégionalité un atout et, aujourd'hui, les acteurs d'Occitanie et de Nouvelle-Aquitaine collaborent pour attirer de nouvelles activités et accompagner les entreprises dans leur démarche à l'export. De belles aventures industrielles sont ainsi à construire en Béarn et en Bigorre ! zones d'activité, soit par filières. Les programmes Territoires d'industrie et Fabrique Prospective ont été facilement adoptés par ce territoire ayant déjà une culture bien ancrée du travail en réseau.

Séance 13 - Identifier les enjeux territoriaux de la transition écologique, 9 décembre 2020, avec Sébastien Bourdin, enseignant-chercheur à l'EM Normandie ; Caroline Mini, cheffe de projet à La Fabrique de l'industrie ; Hélène Peskine, architecte et urbaniste en chef de l'État, secrétaire permanente du Plan Urbanisme Construction Architecture (PUCA) ; Olivier Portier, analyste territorial à OP Conseil, pilote de l'Observatoire des impacts territoriaux de la crise (OITC) ; Pierre Veltz, ingénieur du corps des Ponts, sociologue et économiste, ancien PDG de l'établissement public Paris-Saclay et président du comité scientifique de l'Institut des hautes études pour le développement et l'aménagement des territoires en Europe.

Quels leviers d'action existent aujourd'hui pour accompagner la transition écologique des territoires industriels ? Quelle est l'échelle d'action pertinente ? Quels sont les freins locaux au développement de nouvelles sources d'énergie ? Quel est le rôle des collectivités territoriales et des citoyens dans les projets industriels à vocation écologique ? Comment associer transition écologique et résilience des territoires ? Le local et l'écologie ne sont-ils pas les deux faces d'une même pièce ?

Les membres du conseil d'orientation de La Fabrique

La Fabrique s'est entourée d'un conseil d'orientation, garant de la qualité de ses productions et de l'équilibre des points de vue exprimés. Les membres du conseil y participent à titre personnel et n'engagent pas les entreprises ou institutions auxquelles ils appartiennent. Leur participation n'implique pas adhésion à l'ensemble des messages, résultats ou conclusions portés par La Fabrique de l'industrie.

À la date du 1er avril 2021, il est composé de :

Paul ALLIBERT, directeur général de l'Institut de l'entreprise,

Jean ARNOULD, ancien président de l'UIMM Moselle, ancien PDG de la société Thyssenkrupp Presta France,

Gabriel ARTERO, président de la Fédération de la métallurgie CFE-CGC,

Vincent AUSSILLOUX, chef du département économie-finances de France Stratégie,

Laurent BATAILLE, PDG de Poclain Hydraulics Industrie,

Michel BERRY, fondateur et directeur de l'école de Paris du management,

Laurent BIGORGNE, directeur de l'Institut Montaigne,

Serge BRU, représentant de la CFTC au bureau du Conseil national de l'industrie,

Pierre-André de CHALENDAR, PDG du groupe Saint-Gobain, co-président de La Fabrique de l'industrie,

Benjamin CORIAT, Professeur Université Sorbonne Paris Nord (Paris 13),

Joël DECAILLON, vice-président de Bridge (Bâtir le renouveau industriel sur la démocratie et le génie écologique),

Stéphane DISTINGUIN, fondateur et président de Fabernovel, président du pôle de compétitivité Cap Digital,

Elizabeth DUCOTTET, PDG de Thuasne,

Xavier DUPORTET, cofondateur et CEO de Eligo Biosciences,

Pierre DUQUESNE, délégué interministériel à la Méditerranée au ministère des Affaires étrangères,

Philippe ESCANDE, éditorialiste économique au quotidien Le Monde,

Olivier FAVEREAU, professeur émérite en sciences économiques à l'université Paris X,

Denis FERRAND, directeur général de Rexecode,

Jean-Pierre FINE, Secrétaire général de l'UIMM

Jean-Luc GAFFARD, directeur du département de recherche sur l'innovation et la concurrence à l'OFCE,

Louis GALLOIS, ancien président du conseil de surveillance de PSA Groupe, co-président de La Fabrique de l'industrie,

Pascal GATEAUD, Rédacteur en chef de l'Usine Nouvelle,

Pierre-Noël GIRAUD, professeur d'économie à l'université de Paris-Dauphine et à Mines ParisTech,

Frédéric GONAND, professeur associé de sciences économiques à l'université Paris-Dauphine,

Éric KELLER, secrétaire fédéral de la fédération FO Métaux,

Élisabeth KLEIN, dirigeante de CFT Industrie,

Dorothée KOHLER, directeur général de KOHLER C&C,

Gilles KOLÉDA, directeur scientifique d'Érasme-Seuréco,

Marie-José KOTLICKI, membre du Conseil économique, social et environnemental, ancienne secrétaire générale chez UGICT-CGT,

Éric LABAYE, président de l'École polytechnique,

Jean-Yves LAMBERT, président de Elbi France,

Emmanuel LECHYPRE, éditorialiste à BFM TV et BFM Business,

Fanny LÉTIER, co-fondatrice de GENEO Capital Entrepreneur,

Olivier LLUANSI, associé à Strategy& PWC,

Antonio MOLINA, président du groupe Mäder,

Philippe MUTRICY, directeur de l'évaluation, des études et de la prospective de Bpifrance,

Christian PEUGEOT, président du Comité des constructeurs français d'automobiles,

Florence POIVEY, présidente de la fondation du CNAM,

Philippe PORTIER, secrétaire national de la CFDT,

Grégoire POSTEL-VINAY, directeur de la stratégie, Direction générale des entreprises, ministère de l'Économie,

Didier POURQUERY, fondateur de la version française de The Conversation et ancien directeur de la rédaction,

Joseph PUZO, président d'AXON'CABLE SAS,

Xavier RAGOT, président de l'OFCE,

Frédéric SAINT-GEOURS, vice-président du conseil d'administration de la SNCF,

Ulrike STEINHORST, présidente de Nuria Conseil,

Pierre VELTZ, ancien PDG de l'établissement public de Paris-saclay,

Dominique VERNAY, vice-président de l'Académie des technologies,

Jean-Marc VITTORI, éditorialiste au quotidien Les Echos.